AF457083

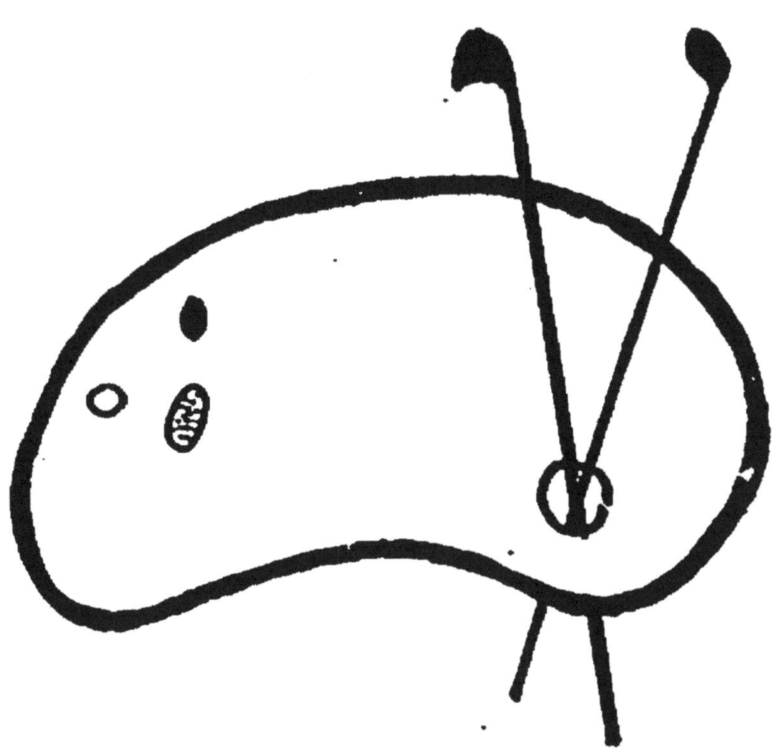

LA MISE EN VALEUR

DU

CONGO BELGE

(Étude de Géographie coloniale)

Avec trois cartes hors texte

PAR

C. IBANEZ DE IBERO

INGÉNIEUR CIVIL

DOCTEUR ÈS LETTRES DE L'UNIVERSITÉ DE PARIS

DIPLOMÉ DE L'ÉCOLE DES HAUTES-ÉTUDES SOCIALES

LIBRAIRIE

DE LA SOCIÉTÉ DU

RECUEIL SIREY

22, Rue Soufflot, PARIS-5e

L. LAROSE et L. TENIN, Directeurs

1913

PITHIVIERS. — IMP. DOMANGÉ ET Cie. — 3063

LA MISE EN VALEUR

DU

CONGO BELGE

(Étude de Géographie coloniale)

DU MÊME AUTEUR :

L'enseignement technique et l'école primaire. (Épuisé.)

Étude sur l'enseignement primaire en Espagne, broch. grand in-8°.

La enseñanza profesional y las camaras de comercio, broch. grand in-8°.

Ensayo para un proyecto de organizacion de la enseñanza post-escolar, broch. grand in-8°.

El problema de las casas baratas y el Ayuntamiento de Paris, broch. grand in-8°.

EN PRÉPARATION :

La législation ouvrière en Espagne et l'Institut de réformes sociales, broch. grand in-8°.

Étude des bases de la Législation Sociale en France, 1 vol.

LA MISE EN VALEUR

DU

CONGO BELGE

(Étude de Géographie coloniale)

Avec trois cartes hors texte

PAR

C. IBAÑEZ DE IBERO

INGÉNIEUR CIVIL
DOCTEUR ÈS LETTRES DE L'UNIVERSITÉ DE PARIS
DIPLOMÉ DE L'ÉCOLE DES HAUTES-ÉTUDES SOCIALES

LIBRAIRIE
DE LA SOCIÉTÉ DU
RECUEIL SIREY
22, Rue Soufflot, PARIS-5e
L. LAROSE et L. TENIN, Directeurs

1913

BIBLIOGRAPHIE

Actes et protocoles de la Conférence de Berlin, 1 vol., en 2°, Bruxelles, 1885.

Alexis (F.) .... *Soldats et missionnaires au Congo* (1871-1894).

Alleged .... *Conditions in Congo free State*, 1906. (Washington governement printing office).

Approbation du traité de cession conclu le 9 *janvier* 1895 *entre la Belgique et l'État indépendant du Congo, exposé des motifs*, « *Moniteur Belge* », 1895.

Aubry (Pierre) ..... *Étude critique de la politique commerciale de l'Angleterre à l'égard de ses colonies*, Toulouse, 1904.

Émile Banning ...... *L'Afrique et la Conférence géographique de Bruxelles*, 1 vol. in-8°, Bruxelles, 1878.

— *L'Association internationale africaine et le Comité d'études du Haut-Congo, travaux et résultats de décembre* 1877 *à octobre* 1882, 1 broch., Bruxelles, 1882.

— *La Conférence africaine de Berlin, et l'Association internationale du Congo*, Bruxelles, 1885.

— *Le Partage politique de l'Afrique*, Bruxelles, 1888.

— *La Conférence de Bruxelles, son origine et ses actes*, Bruxelles 1890.

Barboux (Henri) .... *Consultation délibérée,* Bruxelles, 1903.

Bentlez (Rev. W. H) . *Pioneering on the Congo,* London, 1900.

Bertrand (J.) .... *Le Congo belge, initiation à la colonisation nationale,* Bruxelles, 1909.

Blanchard (G.) ..... *Formation et constitution politique de l'Etat indépendant du Congo,* Paris, 1899.

Boillot (Robert) ... *Léopold II et le Congo,* Neufchâtel, 1906.

Boulger (Demetruis). *The Congo State,* London, 1898.

Bourbon (A.) .... *Des chemins de fer aux colonies et aux pays neufs,* Bordeaux, 1906.

Bourdarie (Paul).... *L'avenir du Congo belge,* Paris, 1903.

— .... *Les chemins de fer du Congo et du Centre africain.*

— .... *La colonisation belge,* Paris, 1904.

Brunet (F[illegible]r) ..... *L'annexion du Congo et le droit international,* Paris, 1911.

Bourne Fox (H. R.) .. *Civilisation in Congoland A Story of international Wrongdoing,* Londres, 1908.

Brialmont .... *Notice sur Emile Banning — Annuaire de l'Académie royale de Belgique.*

Bulletin officiel de l'État indépendant du Congo, 23 vol., Bruxelles, 1885-1908.

Bujac (colonel) ...... *L'État indépendant du Congo. Esquisse militaire et politique,* Paris, 1905.

Campentrout (Van) .. *Quelques vérités sur le Congo.*

Castelein (A.) ...... *L'État du Congo, origines, droits, devoirs,* Bruxelles, 1907.

Cattier (Félicien) .. *Droit et administration du Congo,* Bruxelles, 1898.

— *Étude sur la situation du Congo,* Bruxelles, 1906.

CHALLAYE (FÉLICIEN) . *Le Congo français. — La question internationale du Congo*, 1 vol., in-8°, Paris, 1909.

CHAPAUX .... *Le Congo, historique, diplomatique, physique, politique, économique humanitaire et colonial.*

Chemins de fer du Congo belge (*Compagnie des*) Société anonyme au capital de 25 millions de francs, charges et rapports du Conseil d'administration, Bruxelles, 1890-1895.

Chemins de fer du Congo, (*Compagnie des*) Tarifs et règlement général des transports appliqués à partir du 1er juillet 1905.

Congrès médical d'hygiène et de climatologie de la Belgique et du Congo, Bruxelles, 1898.

Conseil colonial, compte rendu des séances, Bruxelles, 1909, 3 vol., in-8°.

COPPIETERS et OCKERE (JACQUES VAN). *Le régime minier du Congo belge.*

COQUET (ÉTIENNE) ... *Le domaine public colonial*, Paris, 1905.

COQUILHAT .... *Le Haut-Congo*, Bruxelles, 1888.

CORNET (JULES) ...... *Les gisements métallifères du Katanga*, 1 broch., in-8°, Mons, 1895.

DARCY (JEAN) .... *Études d'histoire africaine. L'État indépendant du Congo*, Paris, 1899.

DECHARME (PIERRE) .. *Compagnies et Sociétés coloniales allemandes*, Paris, 1903.

DESCAMPS (BARON) ... *L'Afrique nouvelle. Essai sur l'État civilisateur dans les pays neufs et sur la frontière, l'organisation et le gouvernement de l'État indépendant du Congo*, 1 vol. in-8° Bruxelles, 1903.

DOME (MARCEL) ...... *Les compagnies de colonisation*, Toulouse, 1908.

DUBOIS (MARCEL) .... *Systèmes coloniaux et peuples colonisateurs, dogmes et faits*, Paris, 1895.

DUBOIS (MARCEL) et TERRIER (AUGUSTE). *Un siècle d'expansion coloniale.*

DUBOIS (MARCEL) et KERGOMARD. *Précis de géographie économique*, 1897.

DUBREUCK........... *A travers le Congo.*

DURAND .... *Études sur la flore de l'État indépendant du Congo.*

ÉTIENNE (EUG.) ...... *Les Compagnies de colonisation*, Paris, 1897.

GOBLET .... *Les chefferies indigènes de l'État indépendant du Congo et la réorganisation du Congo français.*

GOFFARD (FERDINAND). *L'œuvre coloniale du Roi en Afrique. Résultats de 20 ans.* Publié sous la direction du major Gilson, Bruxelles, 1898.

— *Traité méthodique de géographie du Congo*, Anvers, 1898.

— *La mise en valeur du Congo.*

— *Le Congo.* Édition revue par Georges Marissens.

GOFFIN (LOUIS)....... *Le chemin de fer du Congo*, Bruxelles 1907.

GRANT (ELLIOT) ...... *Exploration et organisation de la province du Kwilou-Niadi*, Bruxelles, 1886. (Dans le bulletin de la Société belge de géographie, 1886, nº 2.)

HINDE .... *La chute de la domination arabe au Congo*, trad. française, Bruxelles, 1899.

JANSSENS (EDMOND), BARON NISCO et SCHUMACKER. *Rapport de la Commission d'enquête* (dans le *Bulletin officiel de l'État indépendant*), 1905, nºˢ 9 et 10.)

JOZON (LOUIS)........ *L'État indépendant du Congo, sa formation, les principales manifestations de sa vie extérieure, ses relations avec la Belgique*, Paris, 1900.

LAVELEYE .... *Les Français, les Anglais et le Comité international sur le Congo*, Bruxelles, 1883.

LEENER (G. DE) ...... *Le commerce au Katanga*, Bruxelles, 1911.

LEFRANC (STADISLAS) . *Le régime congolais*, 1908.

LE GRAND .... *La liberté de commerce dans le bassin conventionnel du Congo*, 1906.

LEMAIRE (CH.) .... *Congo et Belgique*, Bruxelles, 1901.

LE VACHER .... *Le Congo fleuve international et les régions riveraines*.

LIEBRECHETS (MAJOR). *Souvenir d'Afrique, Congo, Léopoldville, Balolo, Équateur*.

LOUWERS .... *Lois en vigueur dans l'État indépendant du Congo*, Bruxelles, 1905.

MARCEL (JEAN) ...... *Terre d'épouvante, dix-huit mois dans les domaines du souverain Léopold*, Paris, 1905.

MARTENS (DE) .... *Mémoires sur les droits domaniaux de l'État du Congo, Bruxelles* 1892.

MILLE (PIERRE) ...... *Au Congo belge*, 1899.

— ...... *Le Congo Léopoldien*, avec une préface de E. D. Morel, Paris, 1905.

— ...... *Les deux Congo devant la Belgique et la France*.

MOREL (EDMOND D.)... *King Leopold's rule in Africa*, 1 vol in-8°, Londres, 1904.

— .... *Great Britain and The Congo*, Londres, 1906.

— .... *The present State of the Congo question*, 1 broch., publiée par la *Congo Reform Association*, Londres, 1910.

MORISSEAUX .... *Le Congo, à quoi il doit nous servir, ce que nous devons y faire*, Bruxelles, 1911.

NYS (ERNEST) .... *L'État indépendant du Congo et les dispositions de l'acte de Berlin*, 1892.

Official organ of the Congo reform Association, in-8°, Londres.

PERRAULT .... *Étude sur le régime financier des colonies anglaises*, Paris, 1904.

PETY DE THOZEC ..... *Théories de la colonisation au XXe siècle et rôle de l'État dans le développement des colonies*, Bruxelles, 1901.

PICARD (EDMOND) .... *Consultation sur des points de droit soumis par l'État du Congo*, Bruxelles, 1892.

— .... *En Congolie*, Bruxelles, 1895.

PILLION .... *La navigation du Congo et du Niger.*

PORTEVIN .... *L'État indépendant à l'exposition d'Anvers*, Paris, 1895.

PRAYON .... *Le Congo, colonie d'exploitation et de peuplement.*

RENTY (E. DE) .... *Les chemins de fer coloniaux en Afrique*, 2e partie. — *Chemins de fer dans les colonies anglaises et au Congo belge*, Paris, 1904.

ROSENTHAL. .... *Le développement économique du Katanga*, Bruxelles, 1911.

Société anonyme belge pour le commerce du Haut-Congo, Assemblée générale, 1910.

SPEYER (HERBERT) ... *Comment nous gouvernerons le Congo*, 1908.

STANLEY .... *A travers le continent mystérieux*, Paris, 1879.

— .... *Cinq années au Congo*, Bruxelles, 1885.

THOMAR (A.) .... *Essai sur le système économique des primitifs d'après les populations de l'État indépendant du Congo.*

THIRIOUET (L.) .... *Le chemin de fer du Congo*, Bruxelles 1898.

THYS (colonel) .... *L'expansion coloniale belge*, conférence donnée à Liège, Bruxelles, 1905.

— .... *L'œuvre africaine du roi Léopold II*, conférence donnée à Bruxelles, 1910.

— .... *L'annexion du Congo.*

TIBBAUT .... *Rapport du budget du Congo relatif à l'exercice* 1912.

Traité de cession de l'État indépendant du Congo à la Belgique, « *Moniteur Belge* ». 1907.

VANDER LINDEN (Ev.). *Le Congo, les noirs et nous*, Paris, 1909.

VANDERWELDE (ÉMILE). *Les derniers jours de l'État du Congo.*

— *La Belgique et le Congo, le passé, le présent et l'avenir*, Paris 1911.

VAUCORBEIL .... *Le régime international du Bassin conventionnel du Congo*, Paris, 1907.

VERMEERSCH .... *La question congolaise*, Bruxelles, 1906.

— *Les destinées du Congo belge*, Bruxelles, 1906.

WANGERMEE (colonel) . *Grands lacs Africains - Katanga*, Bruxelles, 1909.

WARD (HUBERT)...... *Chez les cannibales de l'Afrique Centrale.*

WAUTERS .... *Le capitaine Gambier et la première expédition de l'Association Internationale Africaine.* Bruxelles, 1880.

— .... *Le Congo et les Portugais*, Bruxelles, 1883.

— .... *Le Congo au point de vue économique.*

VAUTERS .... *L'État indépendant du Congo, historique, géographique, physique, ethnographique, situation économique, organisation politique*, Bruxelles, 1899.

— .... *La Belgique et le Congo*, Bruxelles, 1910.

WAVEZ .... *Essai historique sur l'État indépendant du Congo*, Bruxelles, 1905.

WEYL (E.) .... *Le Congo devant l'Europe. — Le traité anglo-Portugais. — La mission de Brazza. — L'Association internationale du Congo*, Paris, 1884.

WILDEMAN .... *Notices sur les plantes utiles ou intéressantes de la flore du Congo*. Bruxelles, 1903.

WILDEMAN et GENTIL (F.). *Lianes caoutchoutifères de l'État indépendant du Congo.*

WITT (BARON DE) .... *La question du Congo belge*, Paris, 1908.

VILLAIN (G.) .... *La question du Congo et l'Association internationale africaine.*

LA MISE EN VALEUR
DU
CONGO BELGE

PREMIÈRE PARTIE

ORIGINE ET FORMATION DU CONGO BELGE

Lorsque Jean II monta en 1481 sur le trône de Portugal, divers voyageurs de son pays avaient déjà poussé des pointes hardies vers l'Afrique Équatoriale. Jean II en profita pour affirmer ses droits sur cette partie du continent noir et pour y envoyer de nouveaux explorateurs.

C'est dans ces conditions que Diego Cam, à la tête de plusieurs navires découvrit en 1484 l'embouchure du Congo. Martin Behaim nous a laissé le récit de cette expédition à laquelle il participa.

Cette découverte parut d'importance aux membres de la caravelle. Ils donnèrent au vaste estuaire du fleuve le nom de *Rio de Padraõ*, et y élevèrent un *padron* colonne commémorative dédiée à Saint-Georges. Ils étaient de retour à Lisbonne en 1486.

Au XVIe siècle, les premiers missionnaires portugais envoyés dans le pays baptisèrent le fleuve Zaïre, altération du mot indigène Nzadi — Grande Rivière— Les Portugais continuent à employer ce mot, mais partout ailleurs on a adopté le nom de Congo, dénomination datant du XVIIe siècle.

La seconde expédition portugaise quitta la métropole à la fin de l'an 1490 et débarqua à l'embouchure du fleuve en mars 1491 ; la baie de San Antonio et le village de San Salvador paraissent seuls avoir été occupés. Des moines entreprirent l'évangélisation de ce pays; quelques commerçants fondèrent de fragiles comptoirs. Mais les chroniques et les documents portugais ne nous offrent pas de renseignements sur l'exploration du pays et la reconnaissance du fleuve.

Au début du XVIe siècle, des aventuriers portugais tentèrent bien des incursions à l'intérieur des terres, mais en 1536 aucun d'eux n'avait réussi à franchir les chutes d'Yellala situées un peu en amont de Matadi.

En 1627, les Portugais durent même abandonner les territoires dont ils avaient assumé la souveraineté. Devant l'hostilité des indigènes ils se retirèrent à Saint-Paul de Loanda, qui est actuellement la ville la plus importante de l'Angola.

De cette époque jusqu'au XIXe siècle presque rien ne fut connu du Congo.

A la fin des XVIIIe et XIXe siècles, c'est encore aux Portugais qu'il appartint de recueillir quelques indications sur le Congo. La Cerda parti de Tété dans le Zambèze, atteint la région du Tchambesi, affluent important du Lac Bangwelo, sud-est du Congo; Monteiro et Gamitto suivirent à peu près la même route en 1832. Parti de la côte occidentale Graça pénétra en 1843 dans le bassin du Haut-Kasai et y signala l'existence de l'empire du Lunda.

Ces voyages n'eurent qu'une importance secondaire au point de vue géographique. Les grandes découvertes des trois premiers quarts du XIXe siècle furent dues à des voyageurs britanniques, Tuckey, Livingstone, Burton, Speke et Cameron.

Tuckey remonta en 1816 de Banana à Isangila; un peu en amont des chutes de Yellala; il nous a laissé de précieuses indications sur la partie inférieure du bas fleuve et de la région des chutes. Burton et Speke partis au contraire de la côte orientale de l'Afrique découvrirent le Tanganyka en 1858. Livingstone lors de sa traversée de l'Afrique Équatoriale en 1854, reconnut certaines parties du bassin supérieur du Kasaï. Dans une seconde expédition il atteignit le Tanganyka en 1867, découvrit les Lacs Moreo et Bangwelo, et le Lualaba en 1868, étudia le Tanganyka à nouveau en 1869 et en 1871, trouva le cours du

Congo à Nyangwe en 1871 et mourut le 1er mai 1873 sur les bords du Lac Bangwelo.

Cameron qui partit de Zanzibar à la recherche de son compatriote Livingstone et aboutit sur la côte occidentale à Benguela rencontra à Tabora sa dépouille mortelle; il visita lui aussi le Tanganyka reconnut le cours de la Lukuga qui déverse dans le Haut-Congo les eaux de ce lac, prit contact avec la vallée du fleuve en aval du Nyangwe, explora le haut Lomami, entrevit le Lac Kasale et parcourut l'Urua et le Lunda.

Citons également à la même époque, Pogge et Lux qui visitèrent le bassin du Haut-Kasai (1875-1876), l'évêque Miami qui explora le bassin du Haut-Oubanghi (1872), Potagos qui pénétra jusqu'au Bomu (1876), Junker qui vit les sources du Kibali (1877) et Schweimfurt qui recueillit une documentation fort intéressante sur le cours moyen de l'Ouélé, affluent de l'Oubanghi (1870). Cependant, en 1878, on ne savait absolument rien sur le cours du Congo depuis Nyangwe (partie du Congo avoisinant le Lac Tanganyka) jusqu'à Kangila (un peu en avant des chutes d'Yellala, c'est-à-dire près de l'Océan Atlantique). Livingstone à sa dernière heure considérait le Lualaba comme la branche initiale du Nil et le Lac Bangwelo comme la source supérieure de ce fleuve. Schweimfurt prenait l'Ouélé pour le Chari, affluent du Tchad. Seul, Bohm, dès 1872, prétendit que la rivière qui arrosait Nyangwe ne pouvait être rattachée qu'au fleuve de Boma. Stanley devait bientôt démontrer le bien fondé de cette hypothèse.

C'est sur ces entrefaites que Léopold II, roi des Belges (1) réunit dans une conférence géographique à Bruxelles, en 1876, les voyageurs africains les plus notoires, Schweimfurt, Lux, Cameron, Nachtigal, Rohlfs, etc... des géographes réputés, des philanthropes et des hommes politiques. Émile de Laveleye, l'économiste belge bien connu, participa aux travaux de cette assemblée. Elle eut pour résultat la constitution de l'Association Internationale Africaine laquelle désigna une commission internationale dont le roi Léopold II prit la présidence. L'Association fonctionna de 1876 à 1884 et organisa diverses expéditions; le Comité français en décida deux, dont celle de Brazza (1880) qui prit la route de l'Ogoué; le Comité allemand en entreprit une en 1881-1884 (Kaiser,

(1) Parmi les initiateurs il faut mentionner au premier rang Émile Banning qui en mai 1878, deux ans après la conférence de Bruxelles, remit au Roi un mémoire proposant de créer des établissements dans le Cameroun. Émile Banning (1836-1898) fut le directeur des Archives au ministère des Affaires étrangères du Royaume de Belgique et secrétaire de l'Association Internationale Africaine. C'est en cette qualité qu'il rendit des services inestimables à son pays et à son souverain, en aidant de toutes ses forces à la formation de l'État indépendant. Ses ouvrages relatifs à cette question sont : L'Afrique et la Conférence géographique de Bruxelles (1878); l'Association Internationale Africaine et le Comité d'Études du Haut-Congo (1883). Mémoires sur les droits et les prétentions du Portugal à la souveraineté de certains territoires de la côte occidentale d'Afrique (1883). Le partage politique de l'Afrique d'après les transactions internationales les plus récentes (1885-1888).

Bo[illegible]n et Richard) qui pénétra jusqu'au Katanga. Le Comité belge enfin envoya six missions parmi lesquelles il faut mentionner celle de Carteret et de Cadenhead qui firent un essai malheureux, celui d'introduire en Afrique des éléphants d'Asie, en vue de l'élevage et de la domestication de l'éléphant indigène. Aucune de ces expéditions n'explora le centre du Congo, ne dépassa les confins du bassin du grand fleuve. L'honneur de fouler ces étendues immenses alors inconnues des Européens devait revenir à l'Américain Stanley, reporter génial et courageux du *New-York Herald* et du *Daily Telegraph.*

Parti de Bagamoyo (côte orientale) en 1874, Stanley atteint le lac Victoria, puis en 1876, il découvre le lac Albert-Édouard et opère une reconnaissance complète des rives du Tanganyka. Aidé d'un trafiquant arabe de Zanzibar, Tippo-Tih il quitte Nyangwe, le 5 novembre de la même année en vue de reconnaître la grande forêt équatoriale. Il lutte contre la végétation géante qui l'enserre et l'étouffe, contre l'opposition armée des indigènes belliqueux, contre la variole et la dysentrie, contre les hésitations apeurées de Tippo-Tih. Arrivé au confluent de la Kasuka, ce dernier se refuse à continuer et abandonne Stanley à ses propres ressources.

Stanley imperturbable constitue une flotille et descend le cours du Congo. Les rapides connus sous le nom de Stanley-Falls ne l'arrêtèrent que pendant 20 jours (6-25 janvier 1877).

Après de nouvelles luttes contre les nègres, le courageux américain arrivait au confluent du Kasai, puis à Stanley Pool sur les bords duquel devaient s'élever plus tard les villes de Léopoldville (Congo belge) et de Brazzaville (Moyen-Congo français). Il continua sa marche malgré les rapides du bas fleuve et mit cinq mois pour aller du Pool à Boma qu'il atteignit le 9 avril 1877.

Les deux tiers des nègres qui l'accompagnaient et trois camarades anglais avaient péri au cours du terrible voyage, mais l'un des plus grands problèmes de la géographie contemporaine avait reçu une solution.

L'heureuse issue du voyage du Stanley favorisa singulièrement les grands projets politiques conçus par le roi Léopold II : poursuivant ceux-ci, le souverain belge allait faire suivre l'exploration scientifique et journalistique du grand américain d'une expédition politique et économique.

L'année 1878, vit se former à Bruxelles une société en participation au capital d'un million de francs, désignée sous le nom de Comité d'études du Congo, dont le roi eut la présidence d'honneur. Dès 1879, Stanley avec l'aide d'Européens et d'Américains, allait continuer ses conquêtes en s'appuyant sur de nouveaux plans.

Cette fois, il attaqua le fleuve par son embouchure, qu'il quitta le 21 août 1879. Ce ne fut point une entreprise aisée que de remonter la partie basse du fleuve, les rapides qui s'étagent de l'estuaire au Stanley-Pool. Chaque étape fut marquée d'un décès où d'un cas grave. L'intrépide explorateur arrivait néanmoins à Isangila le 21 février 1880 et à Stanley-Pool en décembre 1881.

A ce moment il s'en fallut de peu que Stanley ne fût devancé par deux autres expéditions, celle de de Brazza et celle de Capello et d'Ivens. De Brazza, parti du Gabon, s'était efforcé d'atteindre le Stanley-Pool; il y parvint en septembre 1880, mais il ne passa pas sur la rive gauche et c'est pour cette raison que la France n'a pu étendre son territoire colonial de ce côté du Congo.

Capello et Ivens partis de Saint-Paul de Loanda (Angola) explorèrent à peu près à la même époque le Haut-Kwango, mais ils ne descendirent pas cet affluent du Congo et ne purent faire obstacle à la marche en avant de Stanley.

Ce hardi explorateur fonde Léopoldville, remonte encore le fleuve, lance sur son cours moyen de vaillants petits vapeurs. Des stations se fondent, des reconnaissances sont effectuées, et peu à peu le bassin du Congo dévoile aux Européens ses mystères et ses richesses. Des officiers belges accourent, reconnaissent, explorent; peu à peu le terrain s'éclaircit, les rives sont mieux connues, des incursions sont faites dans la forêt équatoriale et le long des affluents.

A côté d'eux des explorateurs de diverses nations apportent à la géographie du pays d'importantes contributions; Thomson va jusqu'aux sources du Tchambezi et reconnaît le cours de la Lukuga supérieure (1880); Von Mechow visite le Kwango moyen (1880); Wissmann et Pogge atteignent le Haut-Kasai et explorent ses affluents (1881-1882); Giraud atteint le lac Bangwelo, le Luapula, les lacs Moevo et Tanganyka (1883); Bohm et Richard, venus de Zanzibar découvrent les lacs Upemba (Katanga) (1883-1884); Junker parti de Khartoum visite à nouveau le Haut-Ouélé, en explore en tous sens le bassin et atteint l'Aruwimi (1882-1884).

Pendant ces quelques années, la moisson géographique des envoyés belges et des explorateurs appartenant aux autres nations avait été superbe. Des territoires fertiles et populeux venaient d'être révélés au monde. Le Comité d'Etudes du Haut-Congo voulut consolider les résultats acquis, protéger les territoires nouvellement reconnus contre les convoitises des nations civilisées et faciliter la tâche des Européens (missionnaires et commerçants) qui désiraient s'y établir.

Il prend alors le titre d'Association internationale du Congo et redouble d'activité et d'audace. De nouvelles missions sont organisées, cependant que Stanley et ses adjoints poursuivent leurs conquêtes même dans le bassin du fleuve côtier, le Niadi-Kwilu, qui aujourd'hui appartient à la France. Déjà à ce moment les Portugais s'inquiétaient des explorations faites par des Belges ou pour le compte des Belges et affirmaient leurs droits historiques sur les deux rives du bas fleuve et sur le littoral avoisinant son embouchure, depuis 8° jusqu'à 5° 12 de latitude sud. Le roi Léopold II et l'Association Internationale du Congo s'ingénièrent à écarter les prétentions portugaises. C'est à cette époque que Grant Elliot prenait possession d'une bonne partie du Bas-Congo (1883-1884), que Delcommune plaçait Boma sous le protectorat de l'Association (1884), que Coquilhat s'établissait chez les Bengala (1884) et que Wissmann fondait la station de Luluabourg.

« Cinq années avaient suffi pour faire au centre du continent les plus brillantes reconnaissances, visiter pacifiquement cent peuples nouveaux, obtenir des chefs indigènes plus de cinq cents traités de suzeraineté, fonder quarante établissements, jeter sur le haut fleuve par delà les cataractes, cinq steamers, occuper le pays depuis le littoral jusqu'aux Stanley-Falls, depuis Bengala jusqu'à Luluabourg. »

« L'Europe diplomatique ne pouvait pas rester spectatrice indifférente d'une entreprise aussi audacieuse et déjà couronnée de tant de succès » (1).

L'Association internationale du Congo avait agi

(1) A.-J. Wauters, *L'Etat indépendant du Congo*, Bruxelles (1899), p. 27.

d'une façon très habile. Le roi Léopold II avait su triompher des difficultés de toutes sortes. C'est alors que surgirent les obstacles diplomatiques provenant du fait de deux nations.

Le Portugal qui possédait sur l'embouchure du Congo un droit de priorité, et la France qui n'avait encore rien fait avant 1880, mais à laquelle certains rêvaient de tailler dans l'Afrique équatoriale un domaine magnifique. De Brazza fut l'instrument de la France et s'acquitta de sa tâche à merveille. Comme nous l'avons vu, ce grand explorateur atteignit le Pool en 1880, avant Stanley, mais il n'établit pas la souveraineté française sur la rive gauche du fleuve. Stanley en profita pour fonder sur cette rive la station de Léopoldville et pour conclure au nom de l'Association une série de traités avec les chefs des territoires situés au sud du Pool. Profitant même du retour de de Brazza en France il passa sur la rive droite du Congo et signa avec les indigènes de la vallée du Niadi-Kwilu, différents pactes qui barraient en quelque sorte la route à l'expansion de la France. Il en résulta un conflit d'intérêt entre l'Association et la France aux environs du Pool et dans la vallée du Niadi-Kwilu; une transaction intervint et à la suite des lettres des 16 et 24 octobre 1882 échangées entre M. Duclerc président du Conseil des ministres de la République française et le roi Léopold II il fut convenu que le gouvernement français et l'Association s'abstiendraient de mettre obstacle à leurs entreprises réciproques.

Il s'agissait maintenant de mettre un frein aux ambitions du Portugal. Le Royaume-Uni qui, jusqu'alors avait refusé d'y faire droit parut en 1882 vouloir lui donner satisfaction en lui abandonnant le littoral entre 5° 12 et 8° de latitude sud. Lord Grandville, ministre des Affaires étrangères exigeait en revanche de sérieux avantages pour le commerce.

Le Portugal promit de n'établir que des droits de douane modérés, d'admettre la liberté complète de la navigation, l'égalité de traitement pour tous les négociants et pour les marchandises de toutes nations. Des négociations difficiles et longues s'établirent et eurent pour résultat le traité anglo-portugais du 26 février 1884; l'Angleterre reconnaissait la souveraineté du roi de Portugal sur la partie de la côte occidentale de l'Afrique placée entre 8° et 5° 12 de latitude sud (ce qui comprenait l'embouchure du Congo) et sur une bande de terre s'étendant à l'intérieur jusqu'à Nokki. La navigation du Congo et du Zambèze devait être libre, tout monopole, toute entrave au commerce, tout impôt non autorisé par la Convention devaient être interdits.

C'était priver les territoires de l'Association de leur communication avec l'Océan par l'estuaire du Congo. Le traité anglo-portugais infligeait à l'Association une défaite diplomatique qui pouvait à jamais compromettre son œuvre. Mais elle eût bientôt sa revanche grâce à l'habileté diplomatique du roi Léopold; le 22 avril 1884 le gouvernement des États-Unis reconnaissait officiellement sa souveraineté, et le 23 avril 1884 le gouvernement français s'engageait à respecter les stations et les territoires libres de l'Association et à ne pas mettre obstacle à l'exercice de ses droits. L'Association de son côté, déclarait à la France que si par des circonstances imprévues, elle était amenée un jour à se défaire de ses posssesions elle s'engageait à lui donner un droit de préférence (1).

Le Prince de Bismark, devinant tout le parti que l'Allemagne pourrait tirer de la situation dans un avenir plus ou moins éloigné, invita la France à se joindre à lui afin de régler par un accord général la question africaine.

Quelques jours après le gouvernement anglais dénonçait le traité anglo-portugais : l'œuvre congolaise venait de doubler un cap difficile.

La France et les autres puissances accueillirent avec faveur les ouvertures du Prince de Bismarck. Le 3 novembre 1884, le gouvernement impérial reconnut officiellement l'Association comme puissance souveraine et invita les autres nations à envoyer des représentants à Berlin pour y rechercher et y établir une entente internationale sur les points suivants : liberté

(1) La Convention du 5 février 1895 admettait que le droit de préférence accordé à la France ne pouvait être opposé à la Belgique.

du commerce dans le bassin et à l'embouchure du Congo, application au Congo (et au Niger) de la liberté de la navigation, etc. Les questions qui se posaient à la Conférence étaient d'ordre strictement économique; elles n'avaient aucun caractère politique, territorial.

La Conférence se réunit le 15 novembre 1884, 14 puissances y furent représentées; ses travaux durèrent trois mois et aboutirent à l'Acte général de Berlin dont voici les principales résolutions intéressantes au point de vue du sujet ici traité :

Le principe de la liberté commerciale sera appliqué dans son sens le plus absolu au bassin conventionnel du Congo. Il ne pourra être concédé de monopole, ni de privilège d'aucune sorte en matière commerciale. Il ne sera prélevé pendant vingt ans aucun droit d'entrée. Les étrangers jouiront du même traitement que les nationaux. La tenue des marchés d'esclaves et le transport des esclaves sont interdits. La navigation du Congo et de ses affluents est libre. La route, le chemin de fer ou le canal tenant lieu d'une section obstruée du cours du fleuve est assimilé au fleuve lui-même. Aucun péage maritime ou fluvial ne peut être établi. Une commission internationale est spécialement chargée de surveiller l'application de la liberté de navigation et de transit. Toute prise de possession sur les côtes d'Afrique devra être notifiée et ne sera valable qu'à la condition d'être effective.

Peu après la signature de l'Acte Général de Berlin, la Grande-Bretagne, l'Autriche-Hongrie, l'Italie, les Pays-Bas, l'Espagne, la Russie, la France, la Suède et la Norvège, le Portugal et la Belgique admettaient la souveraineté de l'Association. Les négociations avec le Portugal et la France furent laborieuses. La France se vit reconnaître le bassin de Kwilu-Niadi et laissa à l'Association la rive droite du bas fleuve, et en particulier les deux ports de Banana et de Boma. La proclamation solennelle du nouvel État se fit le 23 février 1885.

Le roi Léopold II touchait à ses fins; on apprit le 15 avril suivant qu'il s'apprêtait à devenir le souverain du nouvel État. A cette date il pria en effet le Conseil des ministres du Royaume de Belgique de demander au Parlement l'autorisation nécessaire. Le 30 du même mois intervenait un vote final favorable, notifié en août aux nations signataires de l'acte de Berlin. Cette notification constitue en effet l'acte de naissance de l' « État indépendant du Congo ». Dès le 1er juillet, Sir Francis de Winton, successeur de Stanley, fit connaître la fondation de l'État aux chefs des missions et maisons de commerce établies dans le bassin, et au début de 1886 le siège de l'administration locale, jusqu'alors à Vivi fut transféré à Boma, c'est-à-dire rapproché de l'Océan.

C'est à partir de cette époque que vont se succéder sans interruption de magnifiques explorations. En

1884, le missionnaire anglais Grenfell reconnut le cours de l'Ikelamba, de la Mongala, du Rubi, du Lomami, de l'Oubanghi qu'il remonta jusqu'à la passe de Zongo. De septembre 1885 à janvier 1887, Lenz et Baumann traversèrent l'Afrique équatoriale par le Congo et le Zambèze de Banana à Quelimane; Baumann fit le premier levé du fleuve de Stanley-Pool aux Stanley-Falls. Citons également Rouvier, Buttner et Wol, Kund et Tappenbeck, Gleerup, Wissmann (1885-1887).

C'est en 1887 que partit de Banana l'expédition dirigée par Stanley en vue de secourir Emin-Pacha, bloqué sur le Haut-Nil par le Mahdi (Mohamed-Ahmed), Stanley rencontra Casati lieutenant d'Emin-Pacha le 17 février 1889, au camp de Kavali près du lac Albert; l'intrépide explorateur avait suivi le Congo, puis l'Aruwimi moyen et supérieur, encore inconnu. Une retraite s'ensuivit au cours de laquelle le reporter américain reconnut la rivière Semliki, le massif neigeux du Ruwenzori, et le lac Albert-Édouard.

Jusqu'alors les Belges s'étaient surtout contentés d'occuper et d'administrer le pays, mais non pas de le découvrir. A la fin de l'année 1886 se constitua une « Compagnie du Congo pour le commerce et l'industrie » qui commença par organiser deux missions de reconnaissance et d'études : l'une avec le capitaine Gambier entreprit le levé de la région des cataractes que devait traverser ou plutôt contourner le chemin de fer projeté; l'autre avec M. Delcommune, devait faire la reconnaissance commerciale du Bassin du Haut-Congo. Le capitaine Thys avait la direction supérieure des deux entreprises. Ces explorations furent couronnées de succès et se terminèrent en 1888-1889.

Il faut également signaler l'expédition géologique du Bas-Congo à Kwamouth effectuée en 1887 par M. Dupont, directeur du Musée d'Histoire naturelle de Belgique, les investigations du capitaine Van Gele dans les bassins de l'Oubanghi, du Bomu et de l'Ouélé (1887-1890), du capitaine Roget dans l'Ouélé et de M. Dhanis sur le Kwango moyen (1890) de M. Hodister le long de la Mongala et de ses affluents.

C'est à cette époque que la question de la traite des nègres va prendre une importance toute particulière. En 1885, la Conférence de Berlin avait proscrit le commerce de l'homme et en 1888, dans une encyclique, le pape Léon XIII en réclamait la suppression. Sur l'initiative du Royaume-Uni une Conférence se réunit à Bruxelles le 18 novembre 1889, mais les délibérations de l'assemblée ne furent mises en vigueur que le 2 avril 1891, par suite des hésitations de plusieurs puissances, et, en particulier des Pays-Bas. Cette œuvre constitue une législation contre la traite due à l'entente des 17 puissances. Les autorités de l'État indépendant du Congo qui jusqu'alors avaient fermé les yeux sur les agissements des négriers arabes commencèrent les hostilités en 1891 : M. Hodister, Emin-Pacha et Ponthier furent les premières victimes des traitants et de leurs partisans. La campagne dura jusqu'en 1894 et se termina par la défaite complète des négriers et la conquête du Manyema.

De plus en plus, les Belges vont se livrer à l'exploration du Congo. Le Katanga et l'Urua, grâce à la Compagnie du Congo pour le Commerce et l'industrie font l'objet d'investigations approfondies. Nous ne pouvons retracer ici ces voyages, souvent difficiles, qu'organisa surtout la Compagnie du Katanga.

A ce moment intervint le traité franco-belge du 14 août 1894, qui limita les territoires de l'État indépendant du Congo, par le cours du Vornu, et interdit à cet État toute occupation dans le bassin du Bahr el Gazal, sauf son action dans l'enclave de Kedjaf (Lado). Les postes établis par les Belges au Nord du Bomu furent alors remis aux Français, et le roi Léopold II se trouva débarrassé des inquiétudes que lui avaient causées les espoirs français d'une part et les hostilités arabes d'une autre.

Mais les Belges ne se contentaient pas de poursuivre avec les diverses nations des pourparlers diplomatiques et de se livrer à une exploration méthodique du territoire dont leur roi était le souverain. Déjà ils s'occupaient de la mise en valeur, de l'extension des voies de communication, de la réglementation du régime foncier, etc... Stanley avait déclaré que le bassin resterait sans valeur tant que le bas-fleuve ne serait pas relié au cours moyen par une voie ferrée coutournant les rapides. Dès 1886 une société belge se constituait en vue de construire et d'exploiter cette ligne, mais on rencontra diverses difficultés, de telle sorte que la Compagnie définitive fut seulement fondée en 1889 et le chemin de fer inauguré en 1898 (de Matadi au Stanley-Pool).

La situation financière de l'État, d'autre part, était fort peu brillante; sur la demande du roi Léopold II, le Parlement consentit en 1888 à l'émission en Belgique d'un emprunt de 150.000.000. Une seconde loi du 29 juillet 1890, autorisait l'État indépendant à émettre un nouvel emprunt de 25 millions. Cette même loi, par contre spécifiait qu'à l'expiration d'un délai de 10 ans, la Belgique pourrait s'annexer le Congo, avec tous les avantages attachés à la souveraineté de cet État, qu'en attendant « elle pourrait demander communication des budgets des recettes et des dépenses et des relevés de la douane », et que l'État indépendant « ne pourrait contracter désormais aucun nouvel emprunt sans l'assentiment belge ». De nouveaux liens étaient créés entre les deux nations. Mais l'État du Congo ne parvenant pas, malgré l'emprunt de 1888, à établir l'équilibre de ses finances, le roi souverain songea à lui procurer de nouvelles ressources : l'acte général de Berlin interdisait le prélèvement du droit d'entrée dans le bassin du Congo (article 4); mais à la Conférence de Bruxelles de 1889, relative à la traite des noirs, le roi Léopold II sut obtenir des plénipotentiaires présents la revision de cette disposition, et l'acte général de Bruxelles du 2 juillet 1890, autorisa la perception jusqu'alors prohibée. D'autre part, un décret du 21 septembre 1891, inaugure la « politique du caoutchouc » en réservant à l'État dans certaines parties du bassin, « les fruits domaniaux, notamment l'ivoire et le caoutchouc ». Des protestations, dues la la plupart aux sociétés commerciales congolaises, eurent pour effet un second décret, daté du 30 octobre 1892, divisant les terres vacantes en trois zones :

Une première que l'État se réserva et qui allait devenir son domaine privé, exploitée en régie.

Une seconde à laquelle les particuliers avaient accès

Une troisième, provisoirement réservée pour cause de sécurité publique.

Les finances continuant à être obérées le roi emprunta en 1892, à M. de Browne banquier à Anvers, une somme de 5 millions, garantie par une vente à réméré de 66 milllons d'hectares de terres congolaises. Lors de l'échéance, en 1895, le Roi n'avait pas les disponibilités nécessaires pour rembourser le créancier de l'État indépendant; il dut faire connaître la situation à ses ministres et au Parlement qui n'avaient pas été mis au courant du contrat passé trois ans plus tôt. C'est alors que se posa pour la deuxième fois la question de l'annexion à la Belgique; c'était, pensaient le Gouvernement et le Parlement belges, le meilleur moyen de raffermir la situation financière du Congo et d'y instaurer une organisation administrative mieux contrôlée. Les socialistes firent au projet de cession, présenté par le Comte de Mérode, ministre des Affaires étrangères, une opposition très violente qui fut l'une des causes de l'ajournement de cette solution (1). Les lois du 29 juin 1895 se contentèrent d'autoriser l'État belge à avancer 6.850.000 francs à l'État indépendant et 5 millions à la Compagnie des chemins de fer du Congo.

L'application des décrets de 1892, relatifs en particulier au commerce de l'ivoire et à l'exploitation du caoutchouc, commençait alors à avoir des résultats financiers très heureux. Aussi le Roi se montrait-il de moins en moins favorable à l'annexion. Il s'ingénia à gagner le plus de temps possible et le 29 mars 1901, le Président du conseil, M. de Smet de Nayer, déposa un projet de loi comportant un article unique ainsi con-

(1) M. Wauters, dans ses articles du *Mouvement géographique* (mai 1910) montre que le projet de cession fut retiré sur les instances du roi.

çu : « le remboursement des sommes prêtées à l'État indépendant du Congo en exécution de la convention du 3 juillet 1890 et en vertu de la loi du 29 juin 1895, ainsi que la débition des intérêts sur les mêmes sommes sont suspendus. Dans le cas où la Belgique renoncerait à accepter l'annexion de l'État du Congo, les obligations financières contractées par cet État, à raison des deux actes précités, reprendraient leur cours dès ce moment ».

Ce projet fut combattu par les coloniaux et certains socialistes. Ceux-ci prétendaient que cette mesure ferait disparaître les abus dont les nègres étaient les victimes; ceux-là se flattaient de faire de la Belgique un grand État colonial. Mais le roi intervint personnellement en faveur du texte précité, qui fut voté avec de légères modifications; il constitutait le report à une date indéterminée de l'annexion du Congo.

De 1901 à 1908, la situation financière et économique de l'État indépendant ne cessa de prospérer. De 1895 à 1905 l'exportation du caoutchouc passe de 3 millions à 44 millions; elle atteignit une valeur totale de 270.000.000 de francs en 1901 et 1905. Mais deux sociétés anglaises (*l'Aborigenes protection Society* et *la Congo Reform Association*) se fondant sur le fait indiscutable, d'après elles, que ces résultats étaient exclusivement obtenus grâce à l'exploitation des natifs, allaient mener une violente campagne contre l'État africain et son souverain. Ces attaques furent discutées à la Chambre des Communes et à la Chambre des Lords tout aussi bien qu'au Parlement belge. Par décret du 23 juillet 1904 le roi Léopold II constituait une Commission d'enquête dont le rapport, publié en novembre 1905, mettait en lumière à la fois les abus commis par l'administration et les merveilleux résultats obtenus au point de vue commercial. La question de l'annexion se posa à nouveau et le 2 mars 1906 un ordre du jour de M. Beernaert, du parti clérical, voté à l'unanimité, réclame l'adoption à bref délai de cette mesure.

Le Roi essaya à nouveau de faire échec à ce projet.

Certes il ne se déclara pas hostile à toute idée de cession, mais il mit des conditions que certains jugèrent inacceptables; entre autres, le maintien de la fondation de la couronne et du domaine national, dont l'administration resterait confiée à un organisme indépendant et soustrait à tout contrôle parlementaire.

La fondation de la couronne était une sorte de dédoublement de la personnalité du roi souverain; elle avait pour but d'assurer même après sa mort l'exécution de ses projets. En 1906, on ignorait d'ailleurs son importance qui ne fut révélée que par la suite.

Le domaine national était aussi une véritable

fondation, s'étendant sur le quart environ du territoire congolais et percevant des versements s'élevant à la moitié des recettes ordinaires de la colonie. Il était géré par un conseil de six membres qui versaient le revenu net des terres et des mines dans les caisses de l'État, jusqu'à concurrence des dépenses ordinaires non couvertes par d'autres ressources. Le surplus devait servir à la création d'une marine coloniale belge, d'un matériel d'artillerie pouvant servir à la défense coloniale, etc...

Le Roi et le Gouvernement se heurtèrent à l'opinion bien arrêtée de la gauche libérale et socialiste et d'une partie de la droite. Ils finirent par céder et durent, le 14 décembre 1906, accepter un ordre du jour déclarant que la Belgique avait le droit d'annexer le Congo du vivant du Roi, condamnant le régime des fondations et affirmant la nécessité de prendre une décision rapide sur la question.

En conséquence, le 29 juin 1907, M. de Trooz, successeur de M. de Smet de Nayer, proposa au gouvernement de l'État indépendant d'ouvrir des négociations en vue de l'annexion immédiate. Le traité de cession était signé le 28 novembre suivant par les membres d'une commission constituée à cet effet par le Roi et le 3 décembre M. de Trooz déposait au Parlement un projet de loi portant approbation de ce traité, aux termes duquel le roi Léopold II déclarait céder à la

Belgique la souveraineté des territoires composant l'État indépendant du Congo avec tous les droits et obligations qui y sont attachés. De son côté, l'État belge s'engageait à respecter les fondations existantes et les droits acquis, légalement reconnus à des tiers, indigènes ou non.

Ce projet n'était pas viable et le Roi s'en rendit compte presque aussitôt par suite des protestations qu'il souleva dès qu'il fut connu. Aussi s'ingénia-t-il à tourner encore une fois la difficulté. Il venait d'ailleurs de créer le 2 juillet la Société pour le développement du territoire du bassin du lac Léopold II et le 9 septembre la fondation de Niederfulback; la société se vit octroyer pour un terme illimité d'importants privilèges financiers : autorisations de faire des emprunts et des prêts hypothécaires, d'émettre des billets ou lettres de gages à lots. La fondation d'autre part recevait du Roi environ 14 millions de francs en titres de bourse divers et le roi Léopold II se réservait le droit de lui confier en dépôt des capitaux et des valeurs n'entrant pas dans son patrimoine, qui est inaliénable. Il lui remit, par la suite environ 22 millions de francs en titres de l'emprunt congolais. De cette façon le souverain comptait mettre à l'abri une grande partie de la fortune royale.

Sur ces entrefaites M. de Trooz était mort. M. Schollaert appelé au pouvoir, fit comprendre au Roi que le traité devait être quelque peu modifié pour recevoir la consécration législative. De longs pourparlers eurent lieu et aboutirent à l'acte additionnel au traité d'annexion, par lequel le Roi s'engageait à abandonner la fondation de la couronne, mais exigeait que l'État belge se substituât à celle-ci pour achever les grands travaux qu'elle avait commencés et qui s'élevaient à 45 millions environ. En outre l'État devait acquitter les dettes relatives à d'autres travaux (1.700.000 fr.), payer diverses rentes annuelles (920.000 francs au total) et remettre au Roi une somme de 50 millions en témoignage de reconnaissance nationale, pour être affectée par lui à diverses œuvres relatives au Congo. D'autre part le décret du 5 mars 1908, qui supprime la Fondation, stipule que ses biens feront retour au fondateur où seront attribués avec les charges dont ils sont grevés aux établissements congolais ou autres désignés par lui. Le Roi se réservait ainsi les régions minières de l'Aruwimi et de l'Ouélé, le portefeuille contenant les titres de la Société forestière et minière et de la Société du lac Léopold II, etc...

La discussion du traité et de l'acte additionnel s'ouvrit à la Chambre des Représentants le 15 avril 1908; elle fut longue et mouvementée, mais le projet fut voté par le Parlement le 10 octobre suivant. Le souverain sanctionna la loi réalisant le transfert du Congo à la Belgique et approuvant le traité de cession du 28 novembre 1907, celle relative à l'acte additionnel du 5 mars 1908, et la loi réglant le gouvernement de la nouvelle colonie.

Au point de vue du droit international public la légitimité de l'annexion fut très vivement discutée. Qu'il nous suffise ici de donner cette appréciation de M. Roger Brunet (1) qui nous paraît juste : « (Les puissances) réunies en Conférence, ont créé, artificiellement et de toutes pièces, un état en vue de la réalisation d'un but spécial; tant que ce but est réalisé, elles ne doivent pas intervenir. Que leur importe au surplus pour cela que le Congo soit un État indépendant aux mains d'un souverain absolu ou une colonie au profit d'un petit état neutre; dans l'un et l'autre cas elles ont la possibilité de faire aisément respecter l'équilibre.

Certes il eut été infiniment plus simple de commencer par où l'on a fini et de déclarer dès 1885 que le Congo serait une colonie belge, on n'osât pas le faire; on recula devant ce qu'on pourrait appeler une « témérité juridique », on est plus audacieux aujourd'hui... Ce qu'on n'osât pas faire en 1885 on l'a fait en 1908 la situation était identique cependant » (2).

L'annexion du Congo à la Belgique ne manqua

(1) *L'annexion du Congo à la Belgique et le droit international.* Paris, 1911, pp. 141-142.

(2) D'autre part on trouvera nombre d'arguments « antiannexionnistes » dans un article de M. Paul Fauchille, paru en 1895 : *L'Annexion du Congo à la Belgique et le droit international, Revue de droit international public*, pp. 400 et suivantes.

pas de soulever des objections et des critiques dans quelques pays étrangers. Celles de l'Allemagne et des États-Unis furent modérées, celles de l'Angleterre par contre furent souvent violentes. Nous jugeons utile de consacrer à cette question quelque développement en nous plaçant autant que possible à un point de vue économique.

En Allemagne les objections furent d'ordre privé, le Gouvernement ayant accepté sans difficultés la situation internationale créée par la reprise; plusieurs Chambres de Commerce et diverses Associations protestèrent avec indignation et, en novembre 1909, le Comité directeur de la « *Deutsche Kolonialgesellschaft* » vota une résolution aux termes de laquelle le Chancelier de l'empire était prié d'avoir soin :

1° Que la liberté commerciale garantie par la Conférence de Berlin et spécialement celle à laquelle a droit le commerce allemand au Congo belge ne soit plus longtemps entravée.

2° Que les réformes annoncées par le ministre des Colonies de Belgique soient appliquées et développées, particulièrement en ce qui concerne la question de la monnaie et des impôts

3° Qu'une indemnité soit accordée aux commerçants allemands au chef du dommage qui leur a été causé par les agissements des autorités congolaises.

4° Que des mesures soient prises en vue du prompt

achèvement, jusqu'au lac Tanganyka, du chemin de fer de l'Afrique Orientale.

En Amérique les objections à l'annexion du Congo portaient sur le point de vue humanitaire et non pas sur des questions d'ordre économique; aussi nous semble-t-il suffisant de les mentionner sans les développer.

L'Angleterre mena une campagne anticongolaise très vigoureuse où elle sut allier avec habileté la question d'humanité et celle des ressources économiques et de leur mode d'exploitation. Nous avons déjà cité deux sociétés, « *l'Aborigenes protection Society* » et la « *Congo Reform Association* » et parlé de leurs efforts contre la politique du caoutchouc et de l'ivoire.

La première interpellation notable à la Chambre des Communes fut celle de M. Herbert Samuel. Ce parlementaire s'éleva contre le fait que presque tout l'État indépendant fût considéré comme propriété privée du roi des Belges, que de vastes zones eussent été concédées à des compagnies financières dans lesquelles l'État indépendant avait la moitié des parts, ce système ayant pour résultat de créer des entraves aux transactions tentées par les négociants des autres puissances. M. Samuel ajoutait que le travail forcé des natifs était la cause des abus auxquels ils étaient en but et que la situation florissante des budgets résultait d'impôts que les indigènes avaient peine à supporter. D'autres orateurs intervinrent et ne furent pas moins sévères. Finalement la Chambre vota à l'unanimité le 20 mai 1903, une motion invitant le Gouvernement anglais « à conférer avec les autres puissances signataires de l'acte général de Berlin, en vertu duquel l'État du Congo existe, à l'effet de prendre des mesures pour mettre un terme aux abus qui prévalent dans cet État».

Aux exagérations anglaises les défenseurs de l'État indépendant répondaient par des exagérations en sens contraire; ils niaient en bloc les critiques et affirmaient que tout allait pour le mieux. Dans le numéro de juin 1903, le *Bulletin Officiel de l'Etat indépendant du Congo* contient même un long mémoire tendant à prouver que la propriété indigène et la liberté commerciale ont toujours été respectées et que les noirs n'ont jamais été l'objet de sévices. Il s'ensuivit des échanges de notes entre l'Angleterre et la Belgique d'une part et les puissances signataires de l'Acte de Berlin de l'autre. La *Congo Reform Association* entre alors en lice, sous la direction de Sir Charles Dilke et de M. E.-D. Morel : elle lance des brochures; organise des meetings, provoque des interpellations à la Chambre des Communes et à la Chambre des Lords. A l'une d'elles Sir Édouard Grey, ministre des Affaires étrangères, répondit le 26 février 1908 : « Je désire qu'il soit bien entendu qu'aucune de nos paroles et qu'aucun de nos actes n'est inspiré par l'intention d'affaiblir ou de diminuer les revendications légitimes de toute autre nation au Congo et que nous n'avons nul désir d'élever des revendications politiques ou territoriales pour nous-mêmes. Au contraire, non seulement nous ne désirons pas assumer de nouvelles responsabilités, mais nous voulons éviter d'en encourir ». Sir Édouard Grey ajoutait que l'autorité sur le Congo devait passer en d'autres mains et que le transfert naturel tout indiqué devait être du roi souverain à la Belgique. Le Gouvernement anglais, observait-il, avait toujours favorisé le plus possible cette solution et désirait persévérer dans cette voie. Il s'empressa toutefois de déclarer, que tout semblant de cession qui laisserait le contrôle effectif aux autorités actuelles ne serait pas considéré par le Royaume-Uni comme donnant une garantie suffisante au respect des droits conférés par les traités.

Sur ces entrefaites l'annexion se réalisa, mais les *Reformers* anglais continuèrent à mener leur campagne, estimant qu'il ne résultait pas de cette transmission de pouvoirs un changement véritable de la situation du Congo ; la liberté commerciale n'était pas rétablie et les droits fonciers n'étaient pas restitués aux indigènes (1). Par contre Sir Édouard Grey s'incline

(1) Actuellement un revirement paraît s'être produit dans l'opinion anglaise et l'on admet généralement que le nouveau régime a des tendances à réaliser des réformes.

sans arrière-pensée devant le fait accompli et adopte une attitude très conciliante vis-à-vis de la Belgique et de son roi: il demande cependant, dans une note du 11 juin 1909, la suppression du travail forcé et des impôts en nature.

Pour nous résumer, indiquons les trois demandes principales formulées par l'Angleterre :

1° Réduction des impôts excessifs qui pèsent sur les indigènes.

2° Octroi aux indigènes de terres suffisantes pour les mettre à même, non seulement, de se procurer la nourriture nécessaire, mais aussi une part des produits du sol leur permettant de vendre et d'acheter.

3° La possibilité pour les négociants, quelle que soit leur nationalité, d'acquérir des immeubles de dimensions raisonnables dans toutes les parties de la colonie pour l'établissement de factoreries grâce auxquelles ils puissent entrer en relations commerciales avec les noirs.

On a attribué de nombreux motifs à la campagne des *Reformers* anglais et aux diverses interventions du Gouvernement du Royaume-Uni. Sur ce terrain l'on ne pouvait que faire des hypothèses, mais les coloniaux belges les ont considérées comme des certitudes. En voici quelques-unes :

Aspirations commerciales des négociants anglais, jalousie du succès de la Belgique, hostilités des missionnaires protestants contre leurs collègues catholiques, désir de construire la voie ferrée du Caire au Cap dans des pays de domination britannique.

Il ne nous appartient pas de démêler la part de vérité ou d'erreur comprises dans ces allégations; qu'il nous suffise de dire que la dernière (chemin de fer du Caire au Cap) a paru sérieuse a beaucoup de personnalités non intéressées dans le différend franco-belge. Mais à l'heure actuelle, la Grande-Bretagne se rend compte de l'impossibilité de réaliser sans conflit armé le grand rêve de Cécil Rhodes; elle se trouve, en effet, non plus seulement en face de la Belgique mais de l'Allemagne, qui ne permettrait pas la construction d'une ligne transafricaine en territoire anglais, et qui cherche de son côté (les acquisitions récentes de l'Allemagne le font du moins présumer) à construire un transafricain allemand de l'Est à l'Ouest.

Quoi qu'il en soit, les deux gouvernements anglais et belge sont maintenant d'accord. Le Gouvernement Britannique s'est évertué à profiter de l'entente entre les deux nations. En effet, dès qu'ils eurent acquis la preuve de la fertilité du Katanga et surtout de sa grande richesse minière, les Anglais s'employèrent à y obtenir de grandes concessions et y réussirent. Deux des frères de Sir Edward Grey sont même l'un administrateur de la *Rhodesian Katanga Jonction Railway Company*, l'autre attaché à la *Compagnie du Tanganyka*, filiale du *Comité du Katanga.*

En résumé si l'opposition fut fort vive dans les milieux agités par la *Congo reform association*, les sphères gouvernementales du Royaume-Uni accueillirent l'annexion sans difficulté. Il nous reste maintenant à examiner quelle fut l'impression produite par cet acte sur le public belge.

L'opinion de la métropole avant la cession était plutôt défavorable à l'entreprise congolaise, œuvre exclusive d'un roi assez peu populaire. Et puis, pendant longtemps l'État indépendant coûta beaucoup à la Belgique, sans rien lui rapporter. Mais vers 1895 la situation financière s'éclaircit, il apparut nettement à ceux que n'aveuglait pas le parti pris et qui se souciaient de la prospérité de leur nation que le commerce et l'industrie belge avaient beaucoup à gagner dans la politique coloniale. Aussi, dès 1896, les Chambres de Commerce d'Anvers, de Liège, de Gand et de Verviers réclament-elles l'incorporation immédiate. Mais la masse restait réfractaire à cette idée. Il en fut de même jusqu'à l'année 1908, date du transfert; pendant cette période, d'une part les ouvriers et les paysans, les paysans Wallons du moins, s'opposent à toute annexion, de l'autre les commerçants et les industriels la réclament dans leurs Chambres, leurs Associations et leurs Congrès. La plus violente opposition surtout dans les débuts fut celle du parti socialiste, hostile à la politique coloniale aussi bien en Belgique que dans les autres pays. Signalons toutefois la position particulière prise par M. Vandervelde, qui, tout en se déclarant opposé colonisme, émit cette idée que la solution la meilleure en l'espèce était l'annexion.

L'avènement du roi Albert Ier gagna de nouveaux partisans à l'entreprise coloniale, car le souverain ne se montra pas disposé à persévérer dans la politique suivie antérieurement et il s'imposa la tâche de faire du Congo une colonie modèle en procédant par étapes successives, en suscitant chaque année d'heureuses modifications. Le roi Albert Ier secondé fort habilement par M. Renkin, ministre des Colonies, a tenu sa promesse, et l'on peut espérer qu'il n'y faillira point dans l'avenir.

On trouve une première série de réformes et de promesses dans l'exposé des motifs du budget de la colonie pour l'exercice 1910, en voici, très résumées, les dispositions essentielles :

1° Le principe de la domanialité des terres vacantes est maintenu, mais au lieu de récolter lui-même les produits naturels du domaine, l'État les abandonne peu à peu à l'initiative privée, dans les délais suivants :

a) A partir du 1er juillet 1910 dans les districts du Bas-Congo, du Stanley-Pool, du Kwango, du Katanga, de l'Oubanghi, de l'Aruwini et de la Province Orientale.

b) A partir du 1er juillet 1911 dans les districts du lac Léopold II et de l'Équateur, qui formaient avant l'annexion le Domaine de la Couronne devenu Domaine national.

c) A partir du 1er juillet 1912 dans le reste du territoire et spécialement dans l'Ouélé.

2° Dans tout le Congo à partir des délais indiqués ci-dessus les indigènes pourront récolter les produits naturels et les vendre aux particuliers.

3° Des terres seront vendues aux personnes désireuses de créer des factoreries où l'on pourra trafiquer de tous les produits.

4° Grâce à la diffusion de la monnaie et à l'extension des relations commerciales, on pourra peu à peu substituer l'impôt en argent à l'impôt en nature.

Ces projets de M. Renkin transformaient donc d'une façon complète le régime antérieur. Trois décrets allaient suivre coup sur coup et donner corps à ces louables intentions.

Le décret du 22 mars supprime en trois étapes l'exploitation en régie des produits végétaux des terres domaniales; c'est la simple reproduction du programme indiqué plus haut. A partir des 1er juillet 1910, 1911 et 1912 (suivant les régions) « toute personne dûment patentée ou occupant un établissement pour lequel elle paie l'impôt personnel, pourra, à la condition de se munir d'un permis de récolte, soit récolter ou faire récolter les produits végétaux sur les terres domaniales non louées ou concédées, soit acquérir des indigènes les dits produits ».

« Quant aux Congolais de race indigène qui n'exploiteront pas directement les produits de leur récolte, ils pourront récolter sans se munir de permis et vendre librement ces produits au plus offrant ».

Le même jour, un second décret remplace le droit de licence de 5.000 francs, par établissement créé pour la récolte des produits domaniaux, par l'impôt suivant sur le caoutchouc, autre que le caoutchouc de plantation récolté sur le territoire de la colonie :

0 fr. 85 par kilogramme de caoutchouc provenant d'arbres ou de lianes ;

0 fr. 50 par kilogramme de caoutchouc dit « des herbes ».

Ces réformes s'appliquent aux territoires *domaniaux* et non aux territires *concédés*. Elles n'en sont pasmoins un progrès considérable, car elles remplacent l'exploitation en régie par la liberté commerciale.

Quant au troisième décret, celui du 22 mai 1910, il supprime l'impôt en nature ou en travail et le remplace par des impôts en argent, à mesure que disparaîtra la régie suivant les étapes prévues dans le programme de M. Renkin et le décret du 22 mars précédent. Afin de régulariser le paiement de ces impôts le même texte répartit les indigènes en chefferies et sous-chefferies ; les commissaires de districts déterminent les limites territoriales de ces divisions administratives en s'inspirant de la coutume; les chefs et sous-chefs exercent leur autorité dans la mesure et de la manière fixée par les traditions indigènes tant que celles-ci ne sont pas contraires aux lois ou à l'ordre public.

En somme, le système d'exploitation des indigènes faisait place à la politique de collaboration avec les natifs.

L'ensemble des réformes effectuées en 1910, l'ouverture constante de nouvelles voies de communication, la diffusion de la monnaie et de l'épargne et les progrès de l'instruction, auront un effet considérable sur la mise en valeur de la colonie, qui, par ses richesses agricoles et minières, est appelée sans aucun doute à réaliser les espérances que l'on fonde sur son futur développement.

Nous nous proposons d'étudier successivement les divers facteurs de cette mise en valeur, ce qui est déjà fait et ce qu'il convient de faire dans un avenir prochain. Nous verrons d'abord l'état de la production animale et de la production végétale, en insistant particulièrement sur la question du caoutchouc, le régime foncier, la richesse minière, les voies de communication, les finances publiques et le commerce extérieur. Nous terminerons cette étude par l'examen critique des reproches adressés à la politique léopoldienne et nous verrons que si la ligne de conduite du

grand souverain n'a pas toujours été parfaite, elle a néanmoins eu pour résultat de donner à un petit Etat une colonie dont l'aire totale représente 80 fois celle de la métropole et à laquelle le plus bel avenir semble réservé.

DEUXIÈME PARTIE

GÉOGRAPHIE PHYSIQUE ET POLITIQUE

Pour se rendre un compte exact de la géographie économique et commerciale d'un pays, pour étudier ses communications, ses productions et ses possibilités de développement, il est nécessaire de connaître sa géographie physique, d'être au courant de la constitution de son sol, de son relief, du régime de ses cours d'eau et de la nature de son climat. Aussi nous proposons-nous d'étudier tour à tour, sans d'ailleurs nous appesantir sur les détails, la géologie, l'orographie, l'hydrologie et la climatologie du Congo belge. Nous débuterons par quelques indications générales sur la superficie, la latitude, la longitude, les limites, etc..., et nous terminerons par une courte revue des diverses races qui habitent cette colonie, en nous attachant surtout à leurs capacités agricoles et industrielles.

Généralités. — Le Congo Belge a une superficie d'environ 2.350.000 kilomètres carrés. A cheval sur l'équateur, il dépasse au Nord le 5e degré de latitude nord, au Sud le 13e degré de latitude sud, à l'Ouest le

11° degré et à l'Est le 31° degré de longitude est (1). Les points extrêmes dans ces quatre directions sont respectivement l'ancien enclave de Lado, la pointe de Mandoko, le port de Banana et l'enclave de Lado. De l'extrême nord à l'extrême sud il y a environ 1600 kilomètres et de l'extrême ouest à l'extrême est, environ 1580 kilomètres.

Le Congo Belge est borné au Nord par la colonie portugaise de Cabinda, par le Congo français, y compris deux pointes poussées par le Cameroun allemand, depuis le traité franco-allemand de 1911, et par le Soudan égyptien, à l'Est par la colonie anglaise de l'Ouganda, l'Afrique orientale allemande et la Rhodésie britannique, au Sud par la Rhodésie britannique et l'Angola portugais et à l'Ouest par l'Océan Atlantique sur une très faible distance.

Au point de vue purement physique les limites sont les suivantes : au Nord, une ligne conventionnelle allant de la côte de l'Atlantique au fleuve Shiloango, le cours de ce fleuve jusqu'à sa source la plus septentrionale, la crête de partage des eaux du Niadi-Kwilu et du Congo, une ligne aboutissant à ce fleuve, le cours du Congo, puis de l'Oubanghi et du Bomu jusqu'à sa source, la crête de partage des eaux du Nil et du Congo, puis une ligne conventionnelle formant à peu près un angle droit et se terminant au Nil à sa sortie du lac

1) Méridien de Greenwich.

Albert; à l'Est, le lac Albert, puis une ligne conventionnelle brisée passant par les lacs Albert-Edouard, Kivu et aboutissant à l'extrémité Nord du lac Tanganyka, la ligne médiane de ce lac, une droite unissant le cap Akulunga (au sud du lac Tanganyka) à l'endroit où le Zuapula affluent du Congo sort du lac Moero, la ligne médiane de ce lac (1) le Zuapula jusqu'à sa sortie du lac Bangwelo, le méridien de ce point à la crête de partage des eaux du Zambèze et du Congo, au Sud, cette crête, un affluent du Kasaï, le Kasaï affluent du Congo, une ligne irrégulière dentelée allant du Kasaï à la Tungila affluent du Kwango, le Kwango affluent du Congo, le parallèle de Noki, et la ligne moyenne du chenal du Congo, à l'Ouest, l'Océan Atlantique.

Géologie.— Le bassin du Congo forme une sorte de cuve, de mer intérieure, s'étendant en un immense dépôt d'alluvions constitué sur des formations de grès rouge, et de grès blanc.

Au début de l'ère primaire il existait au sud du bassin un continent ou tout au moins un archipel provenant de l'ère primitive. Avant la fin de l'ère primaire, un soulèvement tercynien fit émerger des flots la plus grande partie de l'Afrique et surgir en particulier une chaîne montagneuse ayant en général la direction nord-sud. Dès cette époque la cuve du Congo

(1) L'île de Kilwa a cependant été laissée à la Grande-Bretagne.

était à peu près formée et plus ou moins isolée du reste de l'Afrique.

A cette période succède une ère très longue d'érosions pendant laquelle s'émoussa le relief créé par les révolutions géologiques des époques primitive et primaire. Des nappes d'eau se constituèrent dans la cuve centrale et ce bassin reçut les produits de l'érosion qui vinrent s'y accumuler, et former, tout au moins dans la partie occidentale du Congo, un système inférieur composé de schistes, de psammites et de grès sans galets et un système supérieur de grès rouge feldspathique avec galets.

Peu à peu la mer intérieure se vida; le grès dur qui lui servait de substratum fut à son tour soumis à l'érosion atmosphérique pendant une longue période. Des crevasses longitudinales orientées en général du nord au sud se constituèrent et ridèrent l'Afrique équatoriale. La plus importante est celle qui contient les lacs Albert, Albert-Edouard, Kivu et Tanganyka.

Ce nouvel assèchement eut pour résultat de produire un affaissement de la cuve centrale et une renaissance de la nappe lacustre. Les sédiments déposés par cette nappe constituent le système des grès tendres du Haut-Congo, qui forme des couches épaisses de plusieurs centaines de mètres, et qui s'étend depuis les falaises du Stanley-Pool jusqu'à celles du lac Kivu.

La nappe intérieure dont le volume était sans cesse grossi de quantité d'affluents et dont le fond se soulevait graduellement par suite des produits d'érosion qui venaient s'y accumuler, attaqua les montagnes de l'Ouest qui l'empêchaient de se frayer un chemin vers l'Océan, d'un niveau de beaucoup inférieur. Une gorge d'écoulement finit par se créer, la nappe diminua de plus en plus, puis disparut complètement, laissant place au fleuve du Congo et à ses nombreux affluents. Ainsi se forma peu à peu, du confluent du Lomani à Bolobo, un vaste et large dépôt d'alluvions longeant le fleuve des deux côtés.

La période d'érosion n'est pas terminée à l'heure actuelle, le fleuve achève de vider les vestiges de la mer intérieure, c'est-à-dire la partie septentrionale de son cours et les lacs Léopold II et Tumba, ainsi que les lacs secondaires Bangwelo et Moero, et dans son travail il dépose en de nombreux endroits des alluvions quaternaires.

Le sol superficiel du Congo belge est formé :

1° De roches compactes que l'on rencontre surtout dans la partie montagneuse de l'est;

2° Des produits de l'altération sur place des roches granitiques ou paléozoïques, que l'on trouve en principe dans les hauts plateaux. Observons en passant que la décomposition des grès blancs friables du Haut-Congo a donné de grandes zones sablonneuses très peuplées.

3° Des produits du ruissellement sur les pentes sous l'influence des eaux pluviales. Ce ruissellement est d'autant plus intense que les pentes sont plus rapides, le déboisement plus complet. Les matières argileuses plus fines sont entraînées au loin et se localisent dans les fonds ;

4° Des alluvions actuelles des cours d'eau. Il s'agit des matières arrachées par les rivières dans la partie supérieure de leur trajet. Les sédiments sont en grande partie sablonneux ou argileux ;

5° Des alluvions anciennes des cours d'eau. On constate l'existence de ces nappes sur le flanc des vallées à des hauteurs que les eaux n'atteignent plus.

Orographie. — Au point de vue du relief du sol, le Congo belge se divise en trois parties bien distinctes. En premier lieu la région côtière assez accidentée, la moins étendue, puis la région centrale très plate, de beaucoup la plus importante, et enfin la région supérieure très montagneuse, et située à l'Est.

La région côtière environne l'estuaire du Congo ; son ossature est formée de la chaîne des monts de Cristal, qui s'étend également dans le Congo français et dans la colonie portugaise de l'Angola. Cette contrée montagneuse séparait aux temps géologiques la nappe lacustre intérieure de la mer. Le fleuve la traverse dans une gorge étroite où toute navigation est impossible et qui forme les 32 chutes de Livingstone.

L'altitude moyenne des monts de Cristal est relativement faible ; elle ne dépasse guère 7 à 800 mètres, leur largeur la plus grande peut être évaluée à 550 kilomètres, de Boma (estuaire du Congo) à Tshumburi, ville de l'intérieur également située au bord du fleuve.

Bien que la chaîne montagneuse n'offre pas de parties nettement saillantes, il y a lieu de signaler le massif du Palabola, et plus en amont le plateau du Bangu. Le massif du Palabola ne dépasse pas 560 mètres, le plateau du Bangu plus élevé atteint 1050 mètres au mont Uia, et a une hauteur moyenne de 650 mètres. Il est contourné par le chemin de fer de Matadi à Léopoldville, qui atteint néanmoins l'altitude de 741 mètres à Thysville, à mi-chemin entre ces deux villes. Ce plateau descend par des pentes plus ou moins douces vers la région centrale qui commence à partir du Bolobo et du Kwango.

La région centrale représente l'emplacement de l'ancienne nappe lacustre. Etant donnée son importance superficielle on peut la considérer comme plate. Elle est toutefois légèrement inclinée vers l'Ouest, c'est-à-dire dans la direction suivie par le Congo. Les affluents de ce fleuve ne sont séparés que par des ondulations sans importance. A peine peut-on citer quelques reliefs qui tirent leur importance de leur opposition avec la plaine et non de leur altitude : les collines d'Upoto, le plateau de la Haute-Lukenie (450 mètres) et le mont Pogge sur le mont Kasaï. La hauteur minimum est de 340 mètres aux environs des lacs Tumba et Léopold II.

Vers le nord-ouest la région centrale se prolonge

par la plaine du lac Tchad, le seuil de séparation n'atteint que 460 mètres. Au nord on signale les collines du Zongo et de Banzyville (sur l'Oubanghi) avec la cote 700 mètres. Ces élévations font partie de la chaîne qui unit le plateau Congo-Nil aux monts de l'Adanaoua. Vers l'Est et le Sud-Est enfin la région centrale se rattache à la région supérieure au moyen d'une zone quelque peu accidentée, dans laquelle les rivières commencent à s'encaisser.

La région supérieure est constituée par trois systèmes montagneux :

Au Nord-Est le plateau Congo-Nil;

A l'Est le système de la crevasse des lacs Albert, Albert-Edouard, Kivu et Tanganyka;

Au Sud les massifs du Katanga et le plateau de Lumba.

Le plateau Congo-Nil ne constitue pas d'un bout à l'autre une ligne de démarcation bien distincte entre les bassins des deux grands fleuves africains. Une crête existe certes, depuis le nord du lac Albert jusqu'au massif des Ndirfi, au nord d'Aba, mais de ce point à Tambura, cette crête disparaît, les affluents du Congo et du Nil confondent souvent leurs sources et les collines que l'on rencontre sont isolées. Citons dans cette région deux hauteurs remarquables par leur richesse en minerai de fer, les monts Gaima et Angba. L'altitude la plus élevée paraît atteinte, beaucoup plus à l'Est, par le pic Londjolo, qui a 1.300 mètres.

Beaucoup plus important est le système de la grande crevasse du centre de l'Afrique. Il se compose de deux chaînes, l'une à l'Ouest, entièrement située en territoire belge, l'autre à l'Est située en Afrique occitale allemande, dans l'Oughanda et pour une très faible partie, dans le Congo. Ces deux chaînes sont reliées par le massif volcanique des monts Virunga qui sépare le lac Albert-Edouard du lac Kivu et divise ainsi la crevasse en deux bassins hydrographiques distincts.

La chaîne occidentale prend naissance sur les bords du lac Tanganyka, entre le 7e et le 8e degré de latitude sud, sous le nom de monts du Marungu; ceux-ci atteignent 1.802 mètres avec le pic de Zawa. En allant vers le nord, la chaîne s'abaisse à moins de 1.000 mètres, pour laisser passer dans la gorge de Mitwanzi, les eaux de la Lukuga, déversoir du lac Tanganyka et affluent du Congo. Elle se relève au nord de cette gorge, longe le Tanganyka, atteint 2.250 mètres au sommet du Samburisi, borde la vallée de la Ruzizi, trait d'union des lacs Kivu et Tanganyka, se maintient aux environs de 2.000 mètres jusqu'au lac Albert-Edouard pour s'abaisser avec les monts Bleus (1.000 à 1.200 mètres) d'où se détache vers l'ouest le plateau Congo-Nil.

Cette chaîne occidentale a, en général, un versant très escarpé vers l'est (côté des lacs) et un versant beaucoup moins raide vers l'ouest (côté du bassin du Congo).

La chaîne orientale comprend, sur le territoire belge les premières pentes de la chaîne du Kuenzori, et une partie des monts du Ruanda et des monts Misosi-ya-Mwesi. Le Kuenzori se trouve entre les lacs Albert et Albert-Edouard; il atteint 5.130 mètres au pic Marguerite; les parties basses sont couvertes de forêts et les parties supérieures (au-dessus de 3.400 mètres), de neiges; entre les deux, on rencontre des marais et des glaciers.

Plus au sud les monts du Ruanda sont situés à l'est du lac Kivu et les monts Misosi-ya-Mwezi; de très riches pâturages, de belles cultures et de superbes forêts de bambous s'étendent dans cette région. L'altitude atteint en général de 2.000 à 3.000 mètres.

Les monts Virunga qui coupent en deux la grande crevasse et séparent les bassin du Congo et du Nil constituent un massif volcanique de grande importance. L'un des pics, le Karisimbi, atteint 4.500 mètres, deux autres pics le Kirunga-Tsha-Niragongo (3.412 mètres) et le Kirunga-Tsha-Namlagira (2.960 mètres) sont encore en activité. Ici encore les forêts abondent.

Au sud-est du Congo la ligne de faîte Congo-Zambèze a l'aspect d'une plaine sablonneuse de 1.400 à 1.500 mètres en moyenne. La partie orientale de cette ligne qui a un relief assez accusé est située non pas sur la frontière anglo-belge, mais en Rhodésie. Le pic

Musofi près des sources du Zualuba atteint toutefois 1.640 mètres.

Au nord de cette ligne de faîte se trouvent les massifs du Katanga. Cette région montagneuse est coupée par trois dépressions constituées de l'est à l'ouest par le Luapula, la Lufira et le Haut-Lualaba. Le Haut-Lualaba passe entre les monts Hakansson à l'Ouest et Bia à l'Est.

Les monts Bia forment la partie occidentale des monts Mitumba, vaste relief montagneux s'étendant sous divers noms jusqu'aux abords du lac Tanganyka. Entre le Lualaba et la Lufira, on observe encore l'aride plateau de la Manika (1.400 mètres) qui se continue vers l'est jusqu'à Lufira par les monts Muta. Entre la Lufira et le Luapula s'étagent les monts Kibara, série de hauts plateaux sauvages et déserts de 1.000 à 1.800 mètres, sillonnés de gorges profondes et de nombreux ravins. A l'est du Luapula nous retrouvons la partie méridionale de la chaîne occidentale de la Grande Crevasse.

A l'ouest du massif du Katanga, l'immense plateau du Lunda forme une vaste pleine parcourue par les affluents et sous-affluents du Congo, coulant du Sud au Nord et creusant de plus en plus le relief du terrain. Au Nord ce plateau s'effondre brusquement de 180 à 200 mètres dans la région centrale à hauteur de la rivière Kastimbi (Chutes de Wolff). Au Nord-Est se trouvent les monts Wissmann et une chaîne traversée par le

Lualaba entre les monts Cleveland (1.000 mètres) et Dhanis (1.070 mètres).

Hydrographie. — La côte du Congo belge, sur l'Océan Atlantique, est réduite à sa plus simple expression; à peine mesure-t-elle 35 kilomètres de long, de Banana à la colonie portugaise de Cabinda. La plage a un caractère sablonneux et cache des terrains marécageux.

Le territoire congolais est réparti en trois bassins hydrographiques d'importance très diverses : le bassin du Shiloango, petit fleuve côtier du Bas-Congo, le bassin du Nil supérieur au nord-est et enfin le bassin du Congo.

Le Shiloango prend sa source au Sud du Boko-Songo à 650 mètres d'altitude. Son cours supérieur sinueux et rocheux ne se prête pas à la navigation. Il s'élargit et s'approfondit ensuite et reçoit à gauche la Luikula. Il se jette dans l'Atlantique un peu au Nord de Landana. La vallée est très fertile.

La Rutshuru, affluent du Nil prend sa source dans le massif des Virunga, d'où elle descend se perdre dans le lac Albert-Édouard. Elle sort de ce lac sous le nom de Semliki et rejoint le lac Albert situé en dehors du territoire congolais. La vallée de la Semliki est boisée et très fertile; les chutes qui coupent cette rivière interdisent toute navigation, ses berges sont très hautes, son cours est quelquefois encaissé de 20 mètres. A hauteur de Kasindi, c'est-à-dire peu après sa sortie du lac Albert-Édouard, son débit est de 360 mètres cubes et sa largeur de 80 mètres.

Le bassin du Congo comporte un ensemble de rivières venant de toutes les directions, sauf de l'Ouest, se dirigeant toutes vers la dépression centrale où coule le fleuve et se réunissant à lui avant la traversée des monts de Cristal. Ce bassin a une superficie d'environ 3.766.350 kilomètres carrés, dont la plus grande partie se trouve en territoire belge. Il rejoint la mer par un étroit goulot de 100 kilomètres de large. Le fleuve a une longueur de 3.936 kilomètres.

Nous allons étudier successivement le cours du Congo et le cours de ses affluents.

Le cours du Congo se divise en trois parties bien distinctes :

Le Lualaba de ses sources aux Stanley-Falls.

Le Haut-Congo des Stanley-Falls à Léopoldville.

Le Bas-Congo de Léopoldville à l'Océan.

La principale source du Lualaba porte le nom de Kuleshi, dans une prairie de 1.550 mètres d'altitude par 11°24 de latitude Sud et 24°27 de longitude Est. Grossi de divers affluents le Kuleshi parcourt d'abord une région peu accidentée, puis un pays schisteux et d'une grande richesse de végétation. Les monts Hakansson le forcent à s'infléchir vers l'Est puis vers le Sud et il reçoit alors les eaux du Lualaba qui donne son nom au fleuve jusqu'aux Stanley-Falls.

Le Lualaba borné à l'ouest par les monts Hakansson et à l'est par les monts Bia, coule vers le nord, forme les chutes de Kalengwe et le rapide de Konde à partir duquel il présente son premier bief navigable.

Pendant les 250 kilomètres qui suivent, la plaine traversée est basse et humide, des lacs permanents se trouvent sur les deux rives, ses inondations annuelles couvrent une aire considérable. Puis, pendant 400 kilomètres, le fleuve est encaissé, sa largeur moyenne de 500 mètres et sa profondeur le rendent tout à fait navigable, il reçoit sur la rive droite les eaux de la Lufira, du Luapula, qui double son débit et de la Lukuga, émissaire du lac Tanganyka.

La vallée se resserre alors (la gorge des Portes d'Enfer, n'a que cinquante mètres de largeur) le fleuve traverse cinq groupes de rapides infranchissables. Puis son cours se régularise à nouveau et son lit s'élargit, il atteint à Nyangwé une largeur de 1.200 à 4.500 mètres suivant les eaux et roule 120.000 pieds cubes d'eau à la seconde. La chaîne occidentale de la grande crevasse africaine lui envoie des affluents très importants : l'Elila, l'Ulindi, la Lowa et la Maïko.

Au delà de Ponthierville apparaissent des barrages rocheux que le fleuve traverse en franchissant les Stanley-Falls, chutes dangereuses en aval desquelles on trouve Stanleyville. De sa source à cette ville, à 428 mètres, le Lualaba a perdu 1.122 mètres d'altitude c'est-à-dire une moyenne de plus de 0 m. 56 par kilomètre.

A partir de Stanleyville, le fleuve prend le nom de Congo et quitte la direction du Nord pour celle du Nord-Ouest. Il s'élargit considérablement, son lit s'encombre d'îles et de bancs de sable, le pays environnant est plat et couvert de forêts. Le fleuve reçoit à gauche le Lomani et à droite l'Aruwimi, puis se dirige vers l'Ouest, en formant trois expansions, dont la dernière est située entre le confluent de la Mongala et la Nouvelle-Anvers. Ces *pools* doivent être considérés comme des vestiges de l'ancienne nappe lacustre. Le Congo se dirige ensuite vers le Sud-Ouest, il reçoit quelques affluents de très grande importance, parmi lesquels l'Oubanghi tient sur un parcours de 1.610 mètres la première place. Sa largeur est de 12 à 15 kilomètres suivant les endroits.

Bolobo traversé, les rives commencent à s'élever lentement, le Congo s'approche des monts de Cristal et s'efforce d'y percer son lit ; en même temps, il se rétrécit et n'a plus que de 1 à 4 kilomètres de largeur, à droite il baigne de riches forêts et à gauche des savanes entrecoupées de bois. Il aboutit alors au Stanley-Pool expansion de 1.500 kilomètres carrés, coupée par l'île sablonneuse du Bomu.

Ici se termine le Haut-Congo à l'altitude de 284 mètres, sur un parcours de 1.610 kilomètres ; il n'est descendu que de 144 mètres, c'est-à-dire de moins de

0 m. 09 par kilomètre. Ajoutons que le Haut-Congo est navigable sur tout son parcours.

Dès sa sortie du Poll,près de Léopoldville,le fleuve se rétrécit, précipite son allure et plonge de 10 mètres par dessus les récifs. C'est la chute de Stams, la première des 32 chutes de Livingstone, inégalement espacées depuis le Pool jusqu'à Matadi,sur un parcours de 360 kilomètres .

Entre Léopoldville et Manyanga, le fleuve qui dégorge en moyenne 550.000 mètres cubes à la seconde se resserre parfois jusqu'à n'avoir plus qu'une largeur de 400 mètres. Par moments il est bordé de falaises à pic de 100 à 200 mètres de hauteur, Les cours d'eau qui le rejoignent dans cette partie de son cours forment eux aussi des chutes infranchissables pour la navigation.

A partir des gorges de Zinga, le chaînon oriental des monts de Cristal est traversé, le fleuve s'élargit, son cour s'apaise, les falaises s'enfoncent; et pendant 130 kilomètres un service de chalands peut fonctionner, non sans difficulté, il est vrai.

Mais dès Nangila, le régime du fleuve change à nouveau brusquement; cette fois il s'agit de traverser le chaînon occidental des monts de Cristal. Chutes, gorges, écueils et coudes se succèdent jusqu'à Matadi, c'est-à-dire sur un parcours de 90 kilomètres où la dénivellation moyenne est de 1 mètre par kilomètre. Les chutes Yellala sont les dernières des 32, mais le courant ne s'apaise qu'au confluent de la Nyozo, un peu plus bas de Vivi, en amont de Matadi.

A Matadi commence le Bas-Congo navigable. Les vapeurs pénètrent dans ce port, venant de Hambourg, de Liverpool, d'Anvers ou de Bordeaux. De cette ville part la voie ferrée qui grimpe au Stanley-Pool, et raccorde le Bas-Congo navigable au Haut-Congo navigable. Devant Boma commence l'estuaire et il a une largeur de plus de 5 kilomètres. Puis la région devient moins accidentée, le cours du fleuve se parsème d'îlots, dont celui de Mateba qui a une superficie de 14.000 hectares. L'estuaire ne cesse de s'élargir jusqu'à l'embouchure qui possède un écartement de 13 kilomètres entre la pointe de Banana (Congo belge) et la pointe du Padron (Angola Portugais).

Bien qu'il soit navigable, l'estuaire du Congo est très instable; le courant ne cesse en effet de produire des affouillements qui déforment les rives et déplacent les bancs. Aussi l'itinéraire des vapeurs doit-il se modifier de temps en temps.

Nous répartirons les affluents du Congo en cinq groupes différents, comme l'a fait M. J. A. Wauters dans l'ouvrage cité plus haut. Nous étudierons donc successivement les systèmes d'eau :

Du Kamotondo, de la Grande dépression centrale, de l'Ouélé, du Kasaï, et du littoral.

Le système du Kamolondo qui correspond à peu près au Katanga, comprend cinq affluents principaux d'un cours très tourmenté formant des suites de cascades et franchissant des défilés sauvages. Ce sont le Lububuri, le Nzilo, la Lufila, le Luapula et le Lukuga, tous affluents de la rive droite.

La Lufila est la rivière du Katanga; près de Moïska on rencontre des sources thermales salines et son affluent de gauche, le Fengwe passe près des sources thermales sulfureuses.

La branche initiale du Luapula est le Tchambezi affluent du lac Bangwelo. De cette nappe au lac Moero, le Luapula décrit un arc de cercle très prononcé. Au sortir du Moero il franchit les Mitumba, s'y rétrécit parfois à 40 mètres et passe entre des falaises de 300 à 400 mètres.

Le lac Bangwelo (superficie 4.500 kilomètres carrés, altitude 1.155 mètres) est en voie d'épuisement; de nombreuses îles le parsèment dont l'étendue ne cesse d'augmenter. Sa partie méridionale n'est plus qu'un marécage. Il faut s'attendre à sa disparition prochaine.

Le lac Moero (superficie 5.000 kilomètres carrés altitude 869 mètres) diminue également. Le niveau de ses eaux a baissé de plusieurs mètres depuis sa découverte par Livingstone en 1867.

Le Lukuga amène au Congo le trop plein des eaux du Tanganyka, sa longueur est de 350 kilomètres, mais il ne roule pas des eaux très abondantes. Au sortir du lac il franchit la gorge de Mitwanzi.

Le Tanganyka (longueur 650 kilomètres, largeur de

30 à 80 mètres, superficie 35.000 kilomètres carrés, altitude 812 mètres) est entouré de rochers à pic atteignant quelquefois plus de 1.000 mètres d'élévation. On y a mesuré des fonds de près de 700 mètres; comme les lacs précités il ne cesse de baisser (1 mètre paraît-il, tous les trois ans). L'un de ses affluents, le Rusiji, lui amène les eaux du lac Kivu qui s'étend au pied du versant méridional et du massif des Virango.

Dans la grande dépression centrale, les cours d'eau sont beaucoup moins agités et plus riches en eau. Ils sont en général navigables. Cette région s'étend des chutes de Hinde un peu en aval du confluent du Lukuga, à la gorge de Zinga, un peu en amont de Manyanga.

Les principaux affluents du Congo dans cette partie de son cours sont :

A droite le Luama, l'Elila, l'Ulindi, le Lowa, le Lindi-Tchopo, l'Aruwimi, le Rubi ou Himbiri, le Mongala, l'Oubanghi et enfin diverses rivières, coulant en territoire franco-allemand : la Sangha, la Likuala, la Kundja-Liokna et l'Alima.

A gauche le Lomani, le Lulonga, le Ruki et l'Irebu.

L'Aruwimi s'appelle Ituri dans son cours supérieur voisin du lac Albert. Il occupe par son volume d'eau le troisième rang parmi les affluents du Congo. Les nombreux rapides qui le coupent l'empêchent d'être navigable au-dessus de Yambuya.

L'Oubanghi est après le Kasaï le tributaire le plus important du Congo.

Le Lomani passe par la gorge de Zungu, franchit divers rapides et devient navigable à partir de Bena-Kamba.

Le Ruki, appelé aussi en amont Busira et Tchouapa forme avec ses affluents de gauche un bassin largement ouvert à la navigation. Ce bassin est si plat, même sur ses limites, qu'en temps de pluie on peut aller en pirogue directement du Ruki à l'Ikelemba ou au Lopori.

L'Irebu n'a d'importance que parce qu'il sert de canal d'écoulement au lac Tumba (superficie 1.750 mètres carrés, altitude 360 mètres environ).

Le bassin de l'Ouélé représente un ancien lac qui, constamment grossi par de nombreux affluents atteint le seuil le plus bas de la ligne de faîte de son bassin et se déverse dans l'Oubanghi par les rapides de Zongo. De la source du Kibali, branche initiale de l'Ouélé, au confluent de l'Oubanghi et du Congo, il y a 2.270 kilomètres, c'est-à-dire une longueur à peu près égale à celle du cours du Danube, le second fleuve européen.

La section supérieure de cette grande rivière porte outre le nom de l'Ouélé, ceux de Kibali et de Mekua. La source se trouve à 1.300 mètres d'altitude ; au bout de 1.300 kilomètres on arrive à Yakoma à 438 mètres mais dès Sururc (Vankerkhovenville) l'Ouélé est navigable. Mais bientôt se présentent des rapides, d'étroites gorges espacées régulièrement, grâce auxquelles la rivière se compose d'une succession de biefs navigables, séparés par des chutes.

La section moyenne porte le nom de Dua et mesure 500 kilomètres; la rivière y a pour chenal le fond de l'ancien lac. Le courant est lent, la dénivellation insensible. La largeur atteint plusieurs kilomètres. Les îlots et les bancs de sable abondent. La rive droite reçoit des affluents très importants, parmi lesquels le Bomu qui sert de limite entre les possessions françaises et le Congo belge.

La section inférieure constitue l'Oubanghi proprement dit. Jusqu'à l'étranglement de Zongo les rapides qui entrecoupent la rivière l'empêchent d'être navigable d'un bout à l'autre. En aval de Zongo, elle s'élargit, se calme et devient propre à la navigation.

Le bassin du Kasaï présente ce caractère particulier que cette rivière et presque tous ses affluents sont coupés par des chutes à peu près à la même hauteur : chutes François-Joseph du Kwango, chute Stéphanie du Diuma-Kwilu, chute Wissmann du Kasaï, chute de Woff du Sankuru, etc., etc. Des chutes Wissmann à son confluent avec le Congo, le Kasaï est navigable; au Wissmann-Pool il atteint une largeur de 10 kilomètres. Il dégorge environ 11.000 mètres cubes par seconde dans le Congo. Son principal affluent de droite est le Sankuru ouvert à la navigation à vapeur en aval des chutes de Wolff. Le Sankuru découvert par le docteur Wolff permet de pénétrer d'une façon directe et pratique vers les districts de l'Urua et du Manyema. Son principal affluent de gauche le Kwango sépare pendant une partie de son cours la colonie belge de l'Angola portugais. Citons enfin un second affluent de droite, le Lukenie, qui sert de déversoir au lac Léopold II (superficie 2.500 kilomètres carrés, altitude 340 mètres), nappe qui se dessèche et se transforme peu à peu en marais.

En ce qui concerne le système d'eau du littoral, les affluents ont bien peu d'importance, si on les compare à ceux que nous venons de mentionner. Qu'il nous suffise de citer sur la rive gauche : la Lukunga, le Kwilu et le Mpozo.

La diversité d'origine et de régime des affluents du Congo lui donne une assez grande régularité de portée. Les écarts de niveau entre l'étiage maximum et l'étiage minimum sont toutefois en moyenne de 4 mètres dans la partie du cours comprise entre les Stanley-Falls et le Stanley-Pool, ils atteignent 9 mètres dans la région des chutes pour redescendre à 3 mètres à Matadi et à Boma, 1 mètre à Ponta da Lenha et devenir insensible à Banana. Quant au débit, il atteint à l'embouchure environ 80.000 mètres cubes à la seconde, ce qui empêche la marée de faire sentir ses effets en amont de Malela.

Climatologie. — La température étant au Congo à peu près uniforme d'un bout de l'année à l'autre, la pluie est l'élément qui sert à faire distinguer les saisons. Nous allons étudier la colonie uniquement aux deux points de vue de la chaleur et de l'humidité.

C'est une erreur couramment répandue de croire que le Congo est un des pays les plus chauds du globe. Certes il est situé à cheval sur l'Équateur, mais il ne faut pas oublier que l'équateur thermique qui, seul importe ici, passe vers le parrallèle 15° nord. C'est pour cette raison que les régions situées au Nord du Congo, sont les plus chaudes de la colonie.

En général le mois de juillet y est le plus froid et le mois de février (ou mars à certains endroits) le plus torride. Il faut toutefois ne pas oublier que le fait qui domine toute la climatologie de l'Afrique équatoriale est la faible variation annuelle du thermomètre. A Banana l'écart moyen, entre le mois le plus chaud et le mois le moins chaud, n'atteint pas 6°. Par contre la variation diurne est plus forte qu'en Europe occidentale et constitue une cause très puissante de maladies; elle atteint un écart de 8° 5 contre 7° 2 en Europe occidentale.

La caractéristique de la température congolaise est donc sa fixité, ses maxima à l'ombre ne dépassent pas sensiblement ceux de France ou de Belgique. On n'a pas constaté plus de 40° à Lufoï et de 38° à Matadi et à la Nouvelle-Anvers; or, dans la plus grande partie de la France, la température a atteint pendant l'été de 1911, 38 et 39°. Mais alors que les températures supérieures à 30° et surtout à 35° sont rares en Europe occidentale, elles sont fréquentes au Congo; elles n'y constituent pas l'exception, mais la norme. Des observations météorologiques faites depuis une vingtaine d'années, il résulte que les 30 degrés sont atteints en moyenne de 150 à 180 jours par an et que le minimum thermométrique est de 20° ou supérieur à 20° pendant 200 jours et plus.

M. Von Danckelman donne la description suivante de la température du Congo dans une année normale.

« Au Congo inférieur la saison comprise entre le milieu de juin et le commencement de septembre est sans contredit la plus agréable, la plus belle et aussi la plus saine de l'année. La température est modérée, le soleil n'incommode pas et les nombreux après-midi sans nuage stimulent l'esprit; les rares journées couvertes pendant lesquelles le soleil n'est pas visible un seul instant, rompent la monotonie et permettent de faire des excursions et des parties de chasse. Le voile bleuâtre de brouillard étendu sur le paysage, les herbes jaunies, les nombreux arbres dépouillés, le silence de la nature, que vient seul interrompre le roucoulement lointain du pigeon gris qui niche dans les bouquets d'arbres répandus sur les montagnes, tout offre un charme particulier et vient rappeler les belles journées d'automne de l'Europe Centrale.

« La chaleur est parfois accablante, dans le cours

de la saison des pluies, surtout en février et pendant la première quinzaine de mars, car les orages sont rares en cette période, et l'atmosphère n'est presque jamais rafraîchie par la pluie qui les accompagne. Mais à d'autres époques encore de la même saison, lorsque le soleil darde ses rayons brulants, sur le sol mouillé, la chaleur humide peut devenir étouffante. »

La grande stabilité de la température congolaise a des avantages et des inconvénients. Elle permet d'éviter les nombreuses maladies que ne manquent pas de causer les changements brusques de température, mais si cette stabilité maintient le corps dans un équilibre thermique presque uniforme, elle exerce sur l'Européen une influence débilitante qu'il est difficile de combattre et à laquelle on ne peut remédier qu'en se soumettant au régime exigé par de telles conditions atmosphériques.

En ce qui concerne les pluies, seul le Bas-Congo présente des saisons bien tranchées. Dans la région centrale, en effet, elles tombent d'une façon à peu près régulière pendant toutes les saisons de l'année.

Dans le Bas-Congo la saison sèche va de Juin à Septembre et la saison des pluies d'Octobre en Mai. La première est la plus tempérée et la seconde la plus chaude. De fin Décembre à Février, il y a en général une petite saison sèche plus ou moins longue.

Les pluies sont de courte durée mais de forte intensité. Des phénomènes électriques s'y ajoutent la plupart du temps, et souvent elles sont accompagnées de tornades. On n'a jamais observé de pluies d'une durée de 24 heures, ce qui est assez fréquemment le cas dans nos pays.

La différence nettement tranchée entre les deux saisons se manifeste dans tout le Bas-Congo et se remarque encore à Léopoldville. Mais au fur et à mesure que l'on remonte le cours du fleuve ou de ses affluents la démarcation s'atténue. A Bolobo, deux mois à peine (Juin et Juillet) peuvent se considérer comme vraiment secs, mais au Luluabourg (partie méridionale de la colonie) il n'y a point de mois sans pluie. Tout au moins en Juin, Juillet et Août; on observe de lourds brouillards matinaux. A Equateurville, à la Nouvelle-Anvers à Mobeka etc... les deux saisons sont à peu près intégralement fusionnées et c'est à peine si l'on arrive en moyenne à avoir deux mois moins pluvieux que les autres.

En ce qui concerne la quantité annuelle des pluies, et non plus la distinction des saisons, l'on remarque une augmentation de leur chute en allant :

1° Du sud vers l'Equateur.

2° De la côte vers l'intérieur.

Voici deux tableaux empruntés à M. A. J. Wauters (1)

1° Du sud vers l'Equateur :

Loanda	0 m. 270
Banana	0 m. 726
Shinskono	1 m. 078
Libreville	2 m. 383

2° De la côte vers l'intérieur :

Banana	0 m. 726
Boma.....................	0 m. 761
Vivi	1 m. 079
Kimuenza	1 m. 243
Léopoldville	1 m. 502
Bolobo....................	1 m. 666
Nouvelle-Anvers (Bangala).	1 m. 705
Loanda	0 m. 270
San Salvador	1 m. 010
Luluambourg	1 m. 544
Lusambo.................	1 m. 677

Un autre élément intervient au point de vue du climat et de la santé générale; il s'agit de l'humidité de l'air. Alors que dans nos pays l'humidité est plutôt faible pendant les époques de fortes chaleurs, au Congo et

(1) Wauters, *L'Etat indépendant du Congo*, pp. 200-202.

dans l'Afrique Equatoriale c'est la saison froide qui est la plus sèche. Toutefois les écarts entre le maximum et le minimum d'humidité de l'année sont très faibles dans cette partie du monde. Comme on le sait la chaleur est d'autant plus supportable qu'elle est plus sèche, ce n'est pas seulement le degré de la température qui rend celle-ci pénible, suffocante, c'est plutôt le degré d'humidité dont l'air est saturé. L'habitant d'un pays chaud et sec comme l'Egypte est incommodé en Europe par une chaleur de 30° et ne ressent aucun malaise chez lui quand le thermomètre en marque 40°. Par contre le Français ou le Belge qui voyagera ou s'installera au Congo sera incommodé par une température de 30 à 35° qui lui parait facilement supportable en Europe.

Voici quelques chiffres qui feront bien sentir la différence existant entre l'Afrique équatoriale et la Belgique. « A Vivi à une température de 30° correspond en moyenne une humidité relative de 59 %. En Belgique par la même température, le degré hydrométrique moyen n'est que de 36 % et lorsqu'il dépasse 40 % la chaleur devient insupportable. Cette valeur de 59 % au Congo est une moyenne pour le semestre de décembre en mai, mais elle varie légèrement suivant les mois ainsi que le montre le tableau ci-après :

Température 30°

Mois	Humidité relative
Décembre	58 %
Janvier	59 %
Février	54 %
Mars	60 %
Avril	62 %
Mai	69 % (1)

Cette question du climat a une importance très grande au point de vue du régime de colonisation qu'il convient d'implanter et de développer au Congo belge.

Certes la plupart des maladies qui existent au Congo ne peuvent être attribuées exclusivement au climat de la colonie; il faut en faire remonter la source ici comme ailleurs au pays lui-même, au sol, aux habitudes des natifs, etc; mais l'Européen qui s'établit dans ces régions doit s'adapter aux conditions nouvelles de l'atmosphère, à la haute température normale, à la tension élevée de la vapeur d'eau. Il en résulte, au début, des troubles dans les fonctions respiratoires, circulatoires et digestives, et une surexcitation des nerfs.

La Malaria est àssez fréquente au Congo; elle est due principalement à l'existence de vastes marécages produits par la nature argileuse et imper-

(1) Wauters, *op. cit.*, p. 207.

méable du sol. Citons également la dysenterie, souvent produite par l'usage d'eau impure; l'hépatite aiguë provoquée par le travail exagéré du foie, l'éléphantiasis qui est la contre-partie fréquente de la trop bonne chère, la maladie du sommeil, le beri-beri, sévissent également dans la colonie. Le choléra, la fièvre jaune et la peste, sont, par contre, inconnus au Congo.

L'Européen qui veut se fixer dans cette contrée doit être d'une constitution robuste. On ne saurait trop recommander avant l'émigration l'examen médical dont l'usage se répand de plus en plus.

Il est prudent pour les blancs de ne pas rester plus de deux ou trois ans dans le pays; y demeurer longtemps serait s'exposer à un état d'affaiblissement physique, qui fait du corps un terrain très propice à la maladie. Ajoutons que le déboisement rationnel a eu un effet sanitaire excellent sur les divers postes de la forêt équatoriale ou il a été tenté.

Géographie ethnographique. — En ce qui concerne la population, les appréciations émises varient, suivant leurs auteurs, dans des proportions considérables. Au fur et à mesure de l'organisation des chefferies, conformément au décret de 1910, le dénombrement se fera avec plus de précision; mais à l'heure actuelle nous n'avons que des estimations très vagues, variant de 11 millions (Docteur Vierkandt) à 29 millions et plus (Stanley et Wahis).

La population indigène se distribue d'une façon très inégale. Certains districts sont à peu près dépourvus d'habitants, d'autres sont surpeuplés. Parmi les régions très populeuses on cite le bassin du Sankuru, la contrée traversée par le Congo en amont de Nyangwé, la vallée de la Lukuga, etc...

Quant à la population blanche, le recensement du 1er janvier 1904 l'élevait à 2.939 âmes, dont 1.722 Belges, 190 Suédois, 181 Italiens, 143 Portugais, 119 Hollandais et 118 Anglais; le quart se trouvait au Bas-Congo et presque autant dans la province orientale, ensuite venait le Stanley-Pool avec 439 blancs.

Le dialecte le plus répandu au Congo est le Bantu appartenant au groupe des langues agglutinantes. Le Bantu ne s'écrit pas; c'est une simple langue parlée,

Les peuplades les plus connues et les plus importantes sont les suivantes :

Bas-Congo — Les Musorongo vivent de la pêche et habitent la rive gauche et les îles du fleuve. Sur la rive droite on rencontre les Kakongo, les Mayombe, les Babuendi, etc... Toutes ces tribus se ressemblent par leurs caractères physiques, elles ont été très mélangées par suite des luttes intestines et de la traite des nègres.

Région de Stanley-Pool. — Les Batéké, s'étendent sur les deux rives du fleuve, des sources de l'Ogoué au bas Kasaï; ils sont presque tous navigateurs et trafiquants, et possédaient même autrefois un monopole commercial de fait sur le Moyen-Congo.

Région Centrale. — Les Bayanzi se rencontrent le long du fleuve en amont du Kasaï; ils sont très actifs et démontrent beaucoup d'initiative et d'habileté commerciale. Les Bangala, que l'on trouve surtout sur la rive droite en amont du confluent de la Mongala sont très bien doués au point de vue intellectuel.

Région de l'Oubanghi-Ouélé. — Signalons ici tout particulièrement les Azande plus connus sous le nom de Niam-Niam qui s'étendent au nord de l'Ouélé, depuis le Bomu jusqu'au Bahr el Gebel et peuplent le pays des sources du Bahr el Ghazal. Citons aussi les Mombutu, résidant entre l'Ouélé et l'Aruwimi, race ayant des traits sémitiques.

Région de l'Est. — Cette région a été ravagée et dépeuplée par les traitants arabes. Certaines tribus ont émigré devant l'envahisseur, d'autres se sont mélangées avec lui. Il en résulte de grandes difficultés pour l'étude ethnographique de la contrée qui s'étend entre le Lomani et le Tanganyka. Citons les Batetela, entre le bas Lubefu et le Lualaba, les Bakumu entre les Stanley-Falls et le Semliki, originaires de l'Ouganda; les Manyema, entre le Congo et la chaîne des Mitumba et surtout les Baluba, de peau très peu foncée, qui occupent un territoire immense entre la chaîne du Mitumba à l'est et au sud, la Lulua à l'ouest, la Lukuga et le Luvidjo au nord. Ce peuple agriculteur, excelle aussi dans des industries nouvelles et ses produits se trouvent à des distances considérables de son pays.

Région du Kasaï et du Kwango. — Les habitants du bassin du Kasaï passent pour les plus industrieux de la colonie; citons les Balumba, pacifiques et hospitaliers, les Bakuba (entre le Sankuru et le Kasaï) commerçants et très habiles aux métiers manuels, les Basenges entre le Kasaï et la Lukenie, etc... Vers les sources du Kwango notons les Kioko très laborieux, forgerons et armuriers d'une habileté indéniable, ayant le monopole du commerce dans toute la contrée.

Il existe au Congo belge, comme dans beaucoup d'autres régions de l'Afrique et en Océanie, un terrible fléau : le cannibalisme. Les efforts réalisés dans le but d'enrayer cette plaie de la colonie ont produit déjà des résultats très appréciables; mais étant donné le nombre beaucoup trop restreint de surveillants européens, parsemés sur l'étendue considérable du territoire congolais, il est à présumer que l'extinction du fléau ne pourra de longtemps être complète. Parmi les cannibales les plus endurcis, on peut citer les Ababua qui habitent les rives de l'Ouélé, les Banziri de l'Oubanghi, qui ne mangent que les prisonniers de guerre, les Mosengere à l'ouest du Lac Léopold II etc..., etc...

Droit privé des indigènes. — Les relations de droit privé existant entre les indigènes semblent dater des époques les plus reculées de l'humanité. La famille n'existe pas au sens où nous comprenons cette institution. La femme n'entre pas dans la famille de son mari, souvent même elle reste chez ses parents. La communauté des biens n'est pas connue, chaque époux conserve la propriété des biens qu'il a acquis par son travail. L'enfant suit la condition de la mère, entre son père et lui il n'existe aucun lien autre que celui du sang; juridiquement ils sont étrangers l'un à l'autre. Le fils ne succède donc pas à son père; celui-ci a comme héritier le fils aîné de sa sœur aînée, en principe tout au moins. Ces institutions de droit privé n'existent d'ailleurs plus dans toute leur pureté que dans les régions tenues à l'écart du mouvement général, dans les autres endroits elles ont été plus ou moins altérées. Quoi qu'il en soit, elles resteront longtemps encore la base du droit familial congolais.

Le noir se marie dans sa classe et prend d'autres femmes dans les classes inférieures. La polygamie n'est pratiquée au surplus que par les indigènes appartenant à la classe aisée. La femme joue en général le rôle de servante, sauf la première épouse qui exerce son autorité sur les autres, distribue le travail entre elles et gouverne la maison. La femme s'achète moyennant une certaine somme payable en étoffe, bétail, perles, poudre, etc...

L'esclave fait partie de la maison de son maître et prend part à ses réjouissances. Il va à la pêche et à la chasse, récolte le vin de palme, fabrique des armes, des tissus, de la vannerie. Mais son maître peut toujours le vendre ou le tuer; cette dernière éventualité se produit du reste de moins en moins.

Organisation politique des indigènes. — L'organisation politique des indigènes est tout à fait rudimentaire; presque partout l'unité politique est le village et chaque village est indépendant. On rencontre parfois une sorte de fédéralisme « anarchique » assez curieux, quand plusieurs agglomérations se rattachent entre elles pour des objets divers et par accords volontaires.

Autrefois existaient des États obéissant à de puissants souverains; peu à peu ils se sont désagrégés. On en observe encore des traces de plus en plus sporadiques, quand un chef se fait payer une redevance par les tribus avoisinantes. Les habitants du village se divisent en trois classes :

Les riches, comprenant le chef et sa famille.

Les hommes libres.

Les esclaves.

« Le chef jouit en principe d'une autorité absolue. Il exerce la police et en qualité de représentant de la communauté est propriétaire du sol non bâti dont les familles ne sont que les usufruitières. Il a parfois comme sanction de ses pouvoirs, le droit de vie ou de mort, droit dont il fait alors usage à tort et à travers. Cependant le plus souvent son autorité n'est pas exclusive; elle est limitée par une assemblée à laquelle tous les hommes libres peuvent prendre part et qu'on appelle *palabre* » (1).

Le chef mort, ses pouvoirs se transmettent, en principe au fils aîné de sa sœur aînée, et à défaut d'enfant mâle de cette parente au fils aîné de la sœur puînée et ainsi de suite.

La plupart des chefs indigènes ont conservé en grande partie l'autorité dont ils étaient pourvus avant la création de l'État indépendant. Certains même ont été reconnus par le Roi-souverain et en ont reçu

(1) Wauters, *op. cit.*, p. 292.

l'investiture officielle. Ainsi le décret du 26 octobre 1891, déclare que « dans les régions déterminées par le gouvernement général, les chefferies indigènes seront reconnues comme telles, si les chefs ont été reconnus par le Gouverneur général, ou en son nom, dans l'autorité qui leur est attribuée par les coutumes » (1), et que « les chefs indigènes exerceront leur autorité conformément aux us et coutumes, pourvu qu'ils ne soient pas contraires à l'ordre public et conformément aux lois de l'État » (2) et qu'ils seront placés « sous la direction et la surveillance des commissaires de districts ou de leurs délégués » (3).

Ce texte fut complété par un arrêté du Gouverneur général en date du 2 janvier 1892, aux termes duquel, les commissaires de district et les autres fonctionnaires désignés spécialement par le Gouverneur général sont délégués aux fins d'accorder aux chefs indigènes reconnus comme tels, et dont ils jugeront l'autorité suffisamment établie, l'investiture prévue à l'article 1er du décret du 6 octobre 1891, investiture qui les confirmera dans l'autorité que leur accordent les coutumes locales en tant que celles-ci ne sont contraires ni à l'ordre public, ni aux lois de l'État (4).

(1) Article 1er.

(2) Article 6.

(3) Article 6.

(4) Article 1er.

Telle fut la législation des chefferies jusqu'au décret du 10 mai 1910, répartissant les indigènes en chefferies et sous-chefferies dont les limites territoriales sont déterminées par le commissaire de district, conformément à la coutume.

L'objet de cette décision fut la régularisation du prélèvement de l'impôt. Aussi le gouvernement s'est-il efforcé de rendre, grâce à ce moyen, sa perception plus fructueuse en accordant aux chefs indigènes l'autorité qui leur manquait dans certaines régions congolaises.

Aussitôt la chefferie et la sous-chefferie délimitées, les indigènes sont recensés et ne peuvent quitter la circonscription que sur avis conforme du commissaire de district.

Les chefferies et sous-chefferies ont de nombreuses attributions, parmi lesquelles celles de débrousser les alentours des villages et de maintenir ceux-ci dans un état constant de propreté : elles doivent également aménager ou entretenir, moyennant rémunération des travailleurs par l'État, les chemins, ponts, passages d'eau, gites d'étapes, et construire ou entretenir au chef-lieu du ressort une école et une habitation à l'usage des agents européens de passage.

Organisation administrative de la colonie. — La colonie du Congo se divise au point de vue administratif en 14 districts qui sont :

1°	District	du Bas-Congo	chef-lieu :	Boma
2°	—	du Moyen-Congo	—	Léopoldville
3°	—	du Lac-Léopold II	—	Inongo
4°	—	de l'Equateur	—	Coquilhatville
5°	—	de Bangala	—	La Nouvelle Anvers
6°	—	de l'Oubanghi	—	Libenge
7°	—	de l'Aruwimi	—	Basoko
8°	—	du Kasaï	—	Lusambo
9°	—	du Kwango	—	Popokabaka
10°	—	de l'Ouélé	—	Niangara
11°	—	de Stanleyville	—	Stanleyville
12°	—	du Katanga	—	Kambove

comprenant une partie des deux districts du Lualaba-Kasaï et de la Province orientale.

A la tête de chaque district se trouve un commissaire, nommé en principe par le Gouverneur général; il représente l'Administration générale et il est chargé de la haute direction de tous les services, la justice exceptée. Un adjoint supérieur lui est attaché pour faire les intérims.

Les districts se divisent en secteurs commandés par un chef de secteur. A leur tour les secteurs se composent de postes dirigés par des chefs de postes. Enfin, immédiatement après le poste vient la chefferie indigène, genre de circonscription que le gouvernement belge s'efforce le plus possible de créer et de développer comme nous venons de le voir.

Le commissaire de district est chargé de nouer et d'entretenir des relations avec les indigènes ; il doit parcourir dans tous les sens et le plus souvent possible, le territoire soumis à son haut contrôle, faire exécuter les lois et règlements en vigueur, recueillir tous les renseignements scientifiques, économiques, etc..., présentant un intérêt quelconque, veiller à l'amélioration des voies de communication, encourager l'hygiène, recruter des travailleurs, faire des plantations, mettre au point la topographie du pays, répartir le personnel subalterne prendre enfin toutes les mesures intéressant le progrès du district. Son activité s'étend donc à peu près à tous les domaines.

Le chef de secteur a la police de son secteur; il doit effectuer de profondes reconnaissances, surtout dans les régions peu connues, en ayant soin de leur conserver un caractère strictement pacifique.

Le poste, dernière circonscription territoriale dont la direction est confiée à un blanc, a une nature différente suivant les endroits où il se trouve. Il existe des postes de police, des postes de transit, des postes agricoles, des postes fiscaux, etc...

Le district du Bas-Congo comprend les anciens districts de Banana, de Boma et de Matadi. Les deux premiers sont placés dans la région maritime, ils occupent le fertile pays du Mayumbe, qu'arrose le Shiloango. Les communications y sont commodes et rapides, la proximité de la capitale exerce d'ailleurs une influence bienfaisante sur le développement économique de cette région. Le voisinage de la mer fait du port de Banana, un des endroits les plus sains de la colonie. La ville de Boma, capitale du Congo comprend les services officiels et de nombreuses maisons de commerce; elle se divise en deux quartiers, Boma-Rive et Boma-Plateau, réunis par un tramway à vapeur. D'importants travaux d'assainissement ont une influence favorable sur l'hygiène de ce port.

Matadi est également un port de commerce accessible en toute saison. L'importance de cette ville, provient de ce qu'elle est la tête de ligne du chemin de fer de Stanley-Pool qui sert de trait d'union entre le Bas et le Haut-Congo. Le district est surtout une région de transit, mais l'achèvement de la voie ferrée a permis aux porteurs de rentrer dans leurs villages, ce qui rend possible le développement de l'agriculture, auparavant bien négligée.

Les districts du Haut-Congo d'une superficie très grande, possèdent un personnel restreint, et par conséquent fort disséminé. Nous nous contenterons de donner quelques brèves indications sur les agglomérations importantes ou intéressantes.

Léopoldville, chef-lieu du district du Moyen-Congo est la tête de la navigation du haut fleuve et le point terminus de la ligne de Matadi. C'est donc une ville de transit fort importante et d'un avenir certain.

Coquilhatville, chef-lieu du district de l'Équateur est un des postes les plus pittoresques et les mieux aménagés de la colonie ; l'industrie du caoutchouc y a pris une grande extension.

La Nouvelle-Anvers chef-lieu du district de Bangala est une ville coloniale modèle, possédant un Institut vaccinogène, qui donne d'excellents résultats. On constate dans les environs des progrès très rapides au point de vue agricole.

Basoko, chef-lieu du district de l'Aruwimi a perdu de son importance depuis les victoires remportées sur les négriers arabes.

Lusambo, chef-lieu de district du Kasaï est un poste de transit, qui comme Basoko doit sa création à une pensée de défense contre les incursions arabes.

Le Katanga enfin, est la région de la colonie qui donne le plus d'espérances, sa richesse est énorme et son climat tempéré. Nous étudierons plus particulièrement ce district quand nous nous occuperons du sous-sol.

Avant de terminer cette courte esquisse de la géographie politique du Congo, il est bon de donner quelques renseignements sur l'enclave de Lado (1), dont la situation a été réglée par l'arrangement du 9 mai 1906.

Aux termes de cette convention l'enclave tout

(1) Elle était attachée au district de l'Ouélé.

entière (1) devait être détenue à bail par l'État indépendant pendant la durée du règne du roi Léopold II.

A l'expiration de ce règne, le territoire loué devait revenir au gouvernement soudanais dans un délai de six mois. Le bail devait toutefois être continué aussi longtemps que le Congo resterait État indépendant ou serait colonie belge, sous la souveraineté des successeurs de Léopold II, mais seulement pour une bande large de 25 kilomètres, allant de la crête de partage du Congo et du Nil, jusqu'au lac Albert et comprenant le port de Mahagi.

L'arrangement de 1906 comprend encore les clauses suivantes :

1° Construction d'un chemin de fer de Lado à la frontière congolaise, avec garantie d'intérêt du trésor égyptien.

2° Établissement d'un port commercial au terminus du chemin de fer.

3° Libre navigation sur le Haut-Nil pour les bateaux congolais et belges.

(1) L'enclave était délimitée comme suit : Une ligne tirée d'un point situé sur la rive occidentale du lac Albert, immédiatement au Sud de Mahagi, jusqu'au point le plus rapproché de la ligne de partage des eaux du bassin du Nil et du Congo. Cette ligne de partage jusqu'à son intersection au Nord avec le 30° méridien Est, de Greenwich; ce méridien jusqu'à son intersection avec le parrallèle 5°30 de latitude Nord, ce parallèle jusqu'au Nil, le Nil vers le Sud jusqu'au Lac Albert et enfin la rive occidentale du lac Albert jusqu'au point indiqué ci-dessus au Sud de Mahagi.

4° Libre transit des personnes et des marchandises par les territoires du Soudan égyptien.

5° Arbitrage obligatoire de la Cour de La Haye pour les différends de frontière qui s'élèveraient désormais entre l'Angleterre et le Congo.

6° Engagement de la part de l'État indépendant de n'entreprendre aucun travail pouvant diminuer le volume d'eau se déversant dans le lac Albert.

Nous avons donné au début de ce chapitre dans la partie intitulée « Généralités » les limites du Congo belge au nord-est, telles qu'elles existent depuis l'application de la clause de l'arrangement de 1906, relative au retour de l'enclave de Lado au gouvernement soudanais à la mort du roi Léopold II.

TROISIÈME PARTIE

LA PRODUCTION ÉCONOMIQUE (1)

Le règne animal. — Nous n'insisterons pas sur l'énumération des animaux congolais qui ne sont pas susceptibles de rendre des services au point de vue agricole et économique. Nous nous bornerons à signaler, l'existence de singes de toutes les variétés de lions, de panthères, de léopards, d'hyènes, de chacals, de lynx, de rhinocéros, d'hippopotames, d'oiseaux de proie, de crocodiles, de serpents, etc...

A côté de ces animaux il en existe d'autres, non domestiques, qui pourront être d'une grande ressource au point de vue de l'alimentation : nous voulons parler des sangliers, très nombreux et de races très diverses, de la girafe au nord de l'Ouélé, dans les savanes de la ligne de faîte Nil-Congo, des antilopes et des gazelles, que l'on rencontre un peu partout et en particulier

(1) Nous ne donnerons pas une énumération exhaustive des produits des trois règnes qui existent ou pourraient exister au Congo, cette méthode nous semble peu pratique, car elle égare le lecteur et lui laisse une idée très fausse de l'importance relative des diverses sources de richesse du pays étudié.

dans les plaines fertiles qu'arrose la Lufira et dont les troupeaux comptent quelquefois plusieurs milliers de têtes.

L'éléphant s'est développé d'une façon tout à fait extraordinaire dans le bassin du Congo. Il abonde en particulier dans le Haut-Congo. L'importation d'éléphants asiatiques n'ayant pas donné de bons résultats, l'État indépendant a fondé à Api, un établissement de domestication de l'éléphant africain. Le choix de cette région était tout indiqué, en raison de l'abondance des troupeaux qu'y forme cet intelligent animal.

Au début les résultats ne furent pas encourageants mais actuellement la situation est devenue meilleure et l'on peut entrevoir, dans un avenir peu éloigné, la formation d'un ensemble important d'éléphants bien dressés, qui permettra de diminuer le portage dans de fortes proportions et dans plusieurs régions.

Les essais de domestication ne se limitent d'ailleurs pas à l'éléphant : on peut citer un parc à autruches, également dans l'Ouélé, quelques dromadaires à Ye (enclave de Lado); au Katanga l'élevage des zèbres commence à donner des résultats satisfaisants; enfin on a importé des chameaux des îles Canaries à Léopoldville.

Remarquons qu'à l'instar de ce qui a été fait dans d'autres pays, on pourrait essayer de domestiquer le buffle : le buffle de grande race forme en effet au

Congo de nombreux troupeaux qui parcourent les plaines du Bas-Congo de l'Ouélé, du Katanga, etc...

Tous les animaux que nous avons cités, — sans compter d'autres espèces fort nombreuses — sont l'objet de chasses en général très meurtrières. L'éléphant a été tout particulièrement en butte aux convoitises des chasseurs. Aussi l'État indépendant, puis l'État belge, ont-ils dû prendre des mesures assez sévères (1) pour protéger certaines espèces animales menacées de destruction complète, en particulier dans la partie orientale du pays.

Ainsi l'arrêté du 30 juin 1909 range le rhinocéros dans la catégorie des animaux ne pouvant être tués que dans des cas exceptionnels. De même par ordonnance du 30 juin 1909 le Gouverneur général de la colonie a défendu de tuer plus de 2 éléphants dans la période de chasse. Cette mesure a été prise, tant pour assurer la conservation de cette espèce utile au point de vue de la domestication, que pour mettre fin aux abus des chercheurs d'ivoire. La chasse à l'éléphant a été absolument interdite dans l'enclave de Lado, à cause des agissements de chasseurs venus des territoires voisins.

Les agents du Gouvernement ont en outre reçu des instructions pour enrayer les abus commis dans l'usage des permis de chasse. Ces permis coû-

(1) Nous estimons qu'il conviendrait de renforcer les mesures protectrices, prises à cet égard.

tent d'ailleurs un prix élevé. Les Européens sont tenus de payer une taxe de 500 francs plus 50 francs par arme à feu perfectionnée et 10 francs par fusil à silex. Les indigènes s'acquittent en remettant à la colonie une partie de l'ivoire récolté, qui ne peut jamais dépasser la moitié du poids total.

Enfin la chasse est défendue dans tout le pays du 15 octobre au 15 mai, et pour protéger les jeunes éléphants, il est interdit d'exporter, de détenir ou de vendre des défenses pesant moins de 2 kilogrammes.

Si l'ivoire est récolté sur le corps d'animaux morts récemment il prend le nom *d'ivoire ordinaire*, si au contraire, la mort date de loin, on n'a que *l'ivoire mort* de couleur gris sale et de peu de valeur; si enfin la défense, fraîchement enlevée à l'éléphant, est fendue dans le sens de la longueur, on trouve parfois à l'intérieur des parties de couleur olivâtre nommées *ivoire vert* et très recherchées pour les ouvrages de luxe. On divise aussi l'ivoire en *ivoire doux* provenant d'éléphants vivants dans les pays de rochers et de montagnes, et en *ivoire dur*, de moins de valeur, enlevé aux éléphants des plaines et des régions marécageuses.

En général l'éléphant est chassé par les indigènes et vendu par eux aux trafiquants étrangers. Il existe sur tout le territoire de la colonie, mais il abonde particulièrement dans les régions presque inexplorées (district de l'Ouélé, de l'Aruwimi, de Bangala, de l'Équateur et de la Province orientale). Dans le Bas-Congo il commence à se faire rare et le trafiquant européen ne peut plus faire acheter que l'ivoire d'infiltration apporté par des tribus indigènes intermédiaires.

Autrefois l'ivoire n'était guère vendu en Europe, que sur les marchés de Londres et de Liverpool; il y était importé presque exclusivement d'Afrique (Soudan, Gabon, Afrique orientale, Angola, Colonie du Cap). La découverte et l'exploration du Congo perturba le marché et bientôt Anvers surpassa Liverpool et même Londres (1), et attira non seulement l'ivoire du Congo, mais aussi celui de l'Angola.

Les puissantes compagnies qui l'achètent aux indigènes le recherent d'une façon beaucoup trop active. Il en résultera fatalement une diminution de la production. Déjà son acquisition est devenue plus difficile et plus onéreuse. Les prix se sont élevés, dans d'assez fortes proportions. Le kilogramme qui valait 24 francs en 1888 et 15 fr. 05 en 1894 coûtait en 1907, 33 fr. 52.

En ce qui concerne les poissons, la faune congolaise est fort riche. Diverses variétés se rapprochent de la perche et de la brême; on trouve également des anguilles de toutes dimensions; citons aussi d'autres espèces, inconnues dans nos pays : les silurides, les lépidosirènes, les Mormyrides, etc...

(1) En 1907, Anvers, Londres, et Liverpool ont respectivement vendu 312.400, 241.000 et 22.000 kilogrammes.

Parmi les animaux domestiques existant actuellement au Congo, nous étudierons tour à tour le bétail et les animaux de basse-cour et, parmi le bétail, les espèces bovine, chevaline, ovine, caprine et porcine.

Dans l'espèce bovine, on se trouve au Congo en présence de différents types de races que l'on peut considérer comme le mélange de deux espèces principales, le bœuf et le zèbre. On a ainsi obtenu toute une série de types intermédiaires souvent difficiles à distinguer les uns des autres.

On constate, toutefois, la présence des caractères suivants :

Grande longueur des cornes.

Absence de cornes.

Présence d'une protubérance à la limite du cou et du garrot.

Le grand développement des cornes paraît provenir de l'intervention du bétail afrikander, race indigène de l'Afrique du sud, et la présence d'une protubérance semble devoir être rapportée au zèbre.

Dans le Bas-Congo le bétail provient de la côte sud-ouest et surtout du Benguela portugais et du Mossamédès; il en vient également, par mer du Damaraland. Celui du Kasaï est importé de l'Angola; toutefois une partie de celui de la région sud-occidentale, est originaire du Barotseland.

On rencontre le zèbre pur dans l'enclave de Lado et le bœuf pur dans le Ruanda et chez quelques peuplades à l'Ouest du lac Albert; il a d'ailleurs été importé dans le Bas-Congo, le Congo Central, le Manyema et le Kasaï.

Le bétail du Congo est doué d'une grande puissance vitale, mais comme il se développe en liberté, la femelle est très mauvaise laitière et le rendement en viande atteint à peine 50 %. Les animaux sont par contre très bons pour la selle, le bât et le trait. Il est permis de croire que par des croisements judicieux on parviendra à améliorer les races hybrides indigènes. Les gouvernements congolais et belge l'ont d'ailleurs fort bien compris. Celui-ci possédait en 1909 plus de 7.000 têtes de gros bétail et plus de 60 postes d'élevage, dont les plus importants étaient Zambi, Dolo, Lado, Ye, Loka, Aba et Luluambourg...

Dans la plupart de ces centres le bétail ne cesse de s'accroître, mais dans certains la trypanosomiase à causé de grands ravages. La tsé-tsé, agent propagateur de cette maladie, vivant surtout au bord de l'eau, force a été, de transférer les fermes sur les plateaux où la mouche n'existe pas. Tel fut par exemple le cas à Eala.

Des fermes modèles existent également à Zambi, Kitobola, Nyangwe, Gada. On y poursuit des recherches relatives à l'amélioration des conditions d'hygiène des bestiaux.

Afin d'enrayer les effets défavorables de la consanguinité, le gouvernement a envoyé des sujets reproducteurs de race belge dans deux centres d'élevage du Bas-Congo. Des croisements avec la race Dinka, originaire de la région du Nil, seront faits dans d'autres centres.

On s'efforce de créer par sélection des types de bêtes laitières et des types de boucherie.

La ferme de Zambi dont le lait est destiné aux hôpitaux et aux agglomérations du Bas-Congo, a reçu tout le matériel nécessaire à la stérilisation de ce produit.

Dans un but d'hygiène publique, le Gouverneur général a promulgué une ordonnance réglementant le commerce des viandes à Boma, au moyen de prescriptions s'inspirant des lois et textes en vigueur en Belgique.

On se propose enfin de stimuler l'initiative des indigènes et de les intéresser à l'élevage, en confiant la garde et l'entretien d'une partie des troupeaux à des chefs choisis parmi les plus intelligents.

A côté des efforts de l'État indépendant, puis de l'État belge, il faut faire une place à part à l'initiative privée; dans l'île de Mateba (Bas-Congo), une compagnie exploite en effet d'une façon fort avantageuse un troupeau de près de 7.000 têtes, qui sert à approvisionner de boucherie les localités du Bas-Congo. Cet établissement qui existe depuis plus de 20 ans donne un bénéfice assez important qui a varié de 110.429 fr. 90 en 1890 à 367.046 fr. 63 en 1905.

La ferme de Mateba est d'ailleurs le seul établissement congolais de cette nature; le grand élevage ne peut guère, en la situation présente, faire l'objet de spéculations commerciales. Comme le dit fort bien M. Goffart : « Ce n'est pas ainsi que la propagation du bétail doit être envisagée en ce moment. Elle doit plutôt être considérée au point de vue de la colonisation proprement dite, comme fournissant un auxiliaire indispensable aux planteurs et comme un moyen d'assurer la traction sur les routes; ces raisons suffisent d'ailleurs pour qu'elle soit encouragée par tous les moyens. Le premier sera l'amélioration de la race qui s'obtiendra par la disparition progressive du petit bétail et par la sélection et des croisements judicieux, ayant pour but de donner aux bêtes plus de chair et plus de lait. Le second sera l'élevage dans chaque station d'un troupeau d'une cinquantaine de têtes environ, en attendant que les indigènss suivent cet exemple et en arrivent à compter leur richesse d'après la force de leurs troupeaux ».

La grande difficulté rencontrée jusqu'à ce jour pour l'élevage a été le choix des endroits où devaient être installées les fermes. Outre la nécessité de soustraire le bétail aux piqures mortelles de la mouche tsé-tsé, il fallait l'installer sur des points où il pût trouver une alimentation convenable et suffisante. Or, les graminées qui forment la savane ont toutes les qualités requises à ce point de vue. Par malheur, leur croissance exagérée diminue de beaucoup leur valeur en les rendant coriaces, au point que les animaux doivent se contenter de leurs feuilles. Contre ce défaut il se produit souvent, il est vrai, une réaction automatique de la bête qui, tondant et foulant les herbes encore jeunes, les empêche de grandir et les rend plus touffues, plus tendres et plus nutritives. L'introduction de certaines légumineuses européennes pourrait améliorer la valeur des pâturages; d'autre part c'est naturellement dans les régions les plus arrosées que celles-ci offrent les meilleures conditions: aussi dans la mesure où la tsé-tsé le permet, il conviendrait d'établir les fermes dans les vallées faciles à irriguer.

Parmi l'espèce chevaline nous rencontrons au Congo, le zèbre, le mulet, l'âne et le cheval.

En ce qui concerne les zèbres, nous avons mentionné plus haut les essais d'élevage au Katanga. Le kraal comprenait en 1905, 60 zèbres en bonne forme; il faut regretter que depuis cette époque ces animaux aient été décimés par une maladie que l'on attribuait à la piqure de la tsé-tsé.

Le mulet résiste aux plus dures privations et aux plus lourds travaux; on le rencontre assez souvent au Congo, où il s'est fort bien acclimaté. Les pays importateurs de cet animal, sont en première ligne l'Espagne (îles Canaries) et ensuite le Portugal et le Sénégal. Le Gouvernement belge se propose actuellement de se livrer au Congo à des expériences en vue de la production des mules et des mulets par le croisement de reproducteurs de premier choix, leur diffusion est en partie enrayée à l'heure actuelle par leur chèreté et la difficulté de se procurer sur place les reproducteurs en question.

L'âne a les qualités de vigueur et d'endurance du mulet. De plus son prix est réduit et son entretien est peu onéreux. Sa propagation est souhaitable au Congo. Ici encore le Gouvernement projette des essais. D'ailleurs deux bonnes races sont déjà assez répandues : l'âne des Canaries que l'on rencontre surtout dans les postes du centre et de la côte, assez petit mais très résistant est très bien acclimaté; et l'âne de Mascate, que l'on trouve dans la région orientale.

Le cheval n'existait pas au Congo avant l'arrivée des européens, il a été importé par le bas fleuve et l'Oubanghi. On a créé divers haras, notamment à Bambili (Ouélé), Yakoma, Boma, Eala et la Nouvelle-Anvers. Les trois premiers sont les plus importants. La race propagée à Bambili et celle du Cayor (Sénégambie); à la Nouvelle-Anvers on acclimate la race des îles Canaries, ailleurs on a surtout recours aux chevaux du Tchad et du Chari.

Jusqu'à présent, toutefois, les espérances fondées sur l'élevage du cheval ne se sont pas réalisées; certes cet animal vit parfaitement au Congo et il est susceptible d'y rendre de grands services à l'agriculture. Mais comme il manque de rusticité et que longtemps encore l'absence presque totale de routes rendra son utilisation difficile, le Gouvernement belge a décidé de faire porter ses efforts surtout sur l'élevage de l'âne et la production des mules et des mulets.

Signalons néanmoins les essais actuellement faits au Katanga de croisements entre chevaux et zèbres (en concurrence avec des expériences de croisements entre ânes et zèbres); si ces tentatives donnent de bons résultats, on espère obtenir des sujets aptes à résister aux attaques de la mouche tsé-tsé.

Le règne végétal. — Le Congo est un pays de végétation tropicale. On y rencontre les végétaux ordinaires de la zone torride; on y a même découvert quantité d'espèces nouvelles dont la plupart n'existe peut-être que sur son territoire.

La végétation tropicale présente quatre aspects principaux :

La forêt vierge, qui couvre la majeure partie de la colonie et en particulier tout le centre du bassin, plus ou moins dense, coupée çà et là de clairières souvent impénétrables, présente un mélange inextricable d'essences.

La Savane, qui s'étend tout autour de cette forêt au Nord de l'Oubanghi et de l'Ouélé, à l'Est du côté des lacs, au Sud, surtout au Katanga, et à l'Ouest jusqu'aux forêts du Mayumba, ne se présente pas d'une façon uniforme à la vue : la Savane proprement dite est composée d'herbes de faible élévation d'où émergent des arbres isolés ou en bouquets; la savane boisée (Katanga, Urua, etc.), est un immense verger aux arbustes petits et rabougris.

La *brousse* se rencontre au Nord vers les crêtes de partage du Chari et du Nil, au Sud vers la ligne de faîte du Zambèze et à l'Ouest entre Boma et Kwarmouth; elle est couverte d'herbes hautes, dures, coupantes, impropres à tout usage, et parsemée sur quelques points d'arbres chétifs et tourmentés.

Le *marécage*, couvert d'arbres ou d'herbes; abonde dans la région centrale et apparaît même quelquefois sur les lignes de partage des eaux.

Ajoutons qu'il ne s'agit pas là de quatre zones nettement délimitées, mais d'éléments entremêlés dont le plus important donne à la région son caractère propre.

Au point de vue botanique, la colonie forme sept régions donc cinq appartiennent au bassin du Congo; en voici l'énumération et les caractères :

La *zone du Bas-Congo*, s'étend de la mer au massif du Bangu; le climat y est relativement doux et le sol fertile; la flore est celle des autres pays tropicaux maritimes.

La *zone forestière centrale*, de beaucoup la plus étendue, comprend la forêt équatoriale.

La *zone septentrionale*, s'étend sur les bassins de l'Ouélé, du Bomu, et de l'Oubanghi, au nord de la passe de Zongo; c'est une savane attenante à celle du Haut-Nil dont la flore diffère beaucoup de celle du Congo.

La zone du Katanga, englobe les bassins du Haut-Congo jusqu'aux Portes-d'Enfer, il s'agit là encore d'une savane, mais d'une altitude élevée et dont la végétation offre le caractère, non pas congolais, mais oriental; on y trouve d'épais massifs de bambous, sur les monts Mitumba, des renonculacées, des oxalidées, etc...

La *zone du Kasaï*, riche en labiées, euphorbiacées, verbénacées, etc., s'étend sur le bassin du Kasaï jusqu'à Muschie et sur les bords du Congo, depuis le sud de Bolobo jusqu'aux gorges de Zinga.

La *zone du Mayumba*, très forestière embrasse le bassin du Shiloango.

La *zone Nilienne* comprend l'enclave de Lado et le bassin du Lac Albert-Édouard; elle est surtout caractérisée par la présence de l'arbre à beurre.

Dans l'étude que nous allons faire de la flore congolaise, nous exclurons tous les végétaux inutiles ou nuisibles et nous nous bornerons à l'examen des plantes qui présentent ou sont susceptibles de présenter de l'importance au point de vue économique et commercial.

Nous verrons tour à tour :

Les *plantes alimentaires* : céréales et légumes, fruits, épices et denrées coloniales, plantes médicinales.

Les *plantes industrielles* : bois, textiles, oléagineuses, plantes à gomme et plantes résineuses, tinctoriales.

Les *plantes narcotiques.*

Plantes alimentaires. — Au point de vue de la production des plantes alimentaires on peut diviser la colonie du Congo en deux régions; en effet jusque près de Stanleyville le manioc domine; à partir de là on rencontre surtout les céréales (vallée du Lualaba, de la Tchopo, de La Lindie, etc...).

Le manioc est la base de la nourriture indigène, il n'est cependant pas d'origine congolaise. Il a été introduit dans le pays, il y a environ deux siècles par des traitants qui l'apportèrent d'Amérique et il y a été propagé par les indigènes de la côte.

Le manioc est une herbacée de 1 à 3 mètres de hauteur dont les racines grosses comme le poignet et longues de 20 à 40 centimètres donnent cinq fois plus de fécule que le froment; l'une de ses variétés la plus répandue, a une tige verte et un goût très doux; l'autre possède une tige rouge; elle est amère et peut provoquer des empoisonnements; on la cultive néanmoins de façon assez courante car elle a un rendement supérieur à l'espèce douce et ses principes toxiques sont éliminés par l'ébullition.

La productivité du manioc est considérable; dans le Kasaï, l'hectare donne 40 tonnes et peut suffire à l'alimentation annuelle de 40 indigènes; mais elle épuise très vite le sol le plus fertile, ce qui pousse au déboisement.

Cette plante est la nourriture la plus substantielle et la plus économique que les noirs aient à leur disposition. Elle pourra faire l'objet d'un commerce important, car le manioc sert à faire le tapioca dont on exporte de grandes quantités des Indes et du Brésil. Une usine destinée à traiter 24.000 tonnes de manioc par an, demande un capital de premier établissement de 400.000 francs et un fond de roulement de 65.000 francs, et produit 810 tonnes de tapioca et 270 tonnes de fécule.

Le *riz* paraît également avoir été importé au Congo, on y distingue l'*orysa sativa* ou riz des marais et l'*orysa montana* ou riz des montagnes qui pousse dans les terrains moins humides,

Il existe de grandes cultures de riz dans la Province Orientale, particulièrement dans la région des Stanley-Falls, chez les populations arabisées qui le prisent beaucoup. Le produit de ces rizières négocié sur le marché de Stanleyville, sert surtout à ravitailler les travailleurs de la Compagnie des chemins de fer du Congo supérieur aux Grands lacs africains.

On trouve d'autres rizières importantes dans le district des cataractes, à Kitohola, où leur production sert au ravitaillement de la populeuse station de Léopoldville. Le poste de Kitohola est pourvu de tout l'outillage mécanique nécessaire à la préparation du riz, décortiqueurs, tarares, séparateurs, etc... ainsi que d'un manège actionné par des bœufs et mettant en mouvement les divers appareils. Ce poste produisait en 1908, 38 tonnes de riz environ.

Dans beaucoup de régions congolaises, toutefois, l'indigène est encore réfractaire à ce mode d'alimentation.

Le *maïs* est répandu sur presque tout le territoire. De culture facile, il donne chaque année, deux récoltes dans le Bas-Congo, trois et même quatre récoltes dans le Haut-fleuve.

Les tiges servent de fourrage au bétail; et les épis rotis ou bouillis concourrent à l'alimentation des indigènes.

La Belgique en a importé en 1906, 510.976.723 kilogrammes, d'une valeur de 61.317.000 francs. Cette céréale est susceptible d'un commerce extérieur très actif.

La *patate Ruce* et l'egname, sont des tubercules, très sains, très nourrissants, très productifs. Avec le manioc ce sont les plantes les plus cultivées au Congo.

Le *sorgho*, graminée très haute (5 mètres en moyenne) se rencontre presque partout, il paraît avoir été importé du Nord par les Bantu. Le sorgho demande un climat très sec et un sol assez fertile. Les indigènes en emploient surtout la farine, à l'Est de Lomani, dans l'Ouélé et le Katanga. Ils en font également une bière appelée « pombe ».

On rencontre le froment au Sud et à l'Est de la colonie (Manyema et Katanga). Il a un très bon rendement et fournit une farine d'excellente qualité. On a essayé de l'acclimater au Congo central, mais les résultats furent loin d'être satisfaisants.

Citons enfin le millet, assez rare, abondant seulement entre Lusambo et le Lualaba; l'éleusine, plante analogue au millet, cultivée dans l'Ouélé; le haricot très répandu et très apprécié des indigènes, et les plantes potagères européennes, dont l'importance est considérable pour le confort et l'hygiène des colons et qui croissent autour de chaque poste.

Les fruits abondent au Congo; citons parmi eux les fruits de l'arbre à pain, de l'avocatier, des citronniers, de l'oranger, du grenadier, de l'ananas, du goyavier, du manguier, etc...

Le bananier est planté à peu près sur tout le territoire de la colonie. Cette plante qui atteint de 4 à 6 mètres a des fruits réunis en régimes pesant jusqu'à 45 kilogrammes. Les indigènes et les colons en consomment de très grandes quantités.

Les variétés congolaises de cet arbre sont fort nombreuses; on mentionne en général le *musa paradisiaca*, ou bananier plantin, le *musa sapientum* à petits fruits, et le bananier de Chine, propagé par les Européens.

Sa croissance est très rapide et donne peu de mécomptes; l'hectare peut-être complanté de 1.100 pieds, donnant de 3 à 4.000 régimes, pesant de 60 à 80 tonnes.

Cette culture est fort intéressante au point de vue du commerce extérieur, car la banane se laisse très facilement à l'état sec ou en farine.

Parmi les épices et les denrées coloniales, la culture du caféier et du cacaoyer ont une grande importance pour le développement futur de la colonie.

Il nous suffira de mentionner le muscadier qui croît dans le Macyema et dont l'espèce peu aromatique est susceptible d'être améliorée et le vanillier que l'on rencontre dans la grande forêt.

Le caféier croît spontanément au Congo, dans l'Oubanghi, les forêts de Lusambo et du Lomani et certaines îles du fleuve. Diverses variétés de ce café sauvage ont fait l'objet d'observations approfondies d'où il ressort que deux d'entre elles ont un arome et un goût remarquable.

Il y a une quinzaine d'années on avait fondé de grandes espérances sur la production de cet article; il semblait facile de s'y livrer dans des conditions rénumératrices. Depuis lors la surproduction brésilienne (en particulier de l'État de Sao Paulo) a eu un effet désastreux, au point qu'en 1909, le Gouvernement belge s'est demandé s'il devait en continuer la culture.

En effet en 1908, la production s'était élevée à 40.238 kilogrammes et l'exportation à 22.200 kilogrammes, presque exclusivement destinés à la métropole; or, les produits exportés avaient été vendus à Anvers au prix moyen de 1 fr. 10 le kilogramme, à peine suffisant pour couvrir les dépenses de culture, de préparation et de transport.

Les centres actuels de culture les plus importants sont les districts de l'Équateur et de l'Aruwimi; on traite les produits à l'usine de Kinshasa. Après prélèvement des quantités nécessaires au personnel de la colonie, l'excédent peut être vendu aux particuliers. Il existe également une fabrique à Coquilhatville.

Les espèces les plus répandues sont le *coffea liberica* (café du Liberia) et les *coffea Zaurentu* et *Dewevrei*, d'une importance beaucoup moindre.

Le pessimisme manifesté en 1908 dans les sphères gouvernementales au sujet de cette intéressante denrée étaient-elles justifiées? Nous ne le croyons pas. Les récoltes de l'État Pauliste ont reçu depuis lors une dépression assez accentuée. La valorisation tentée par le législateur de ce pays a donné les résultats escomptés. La surproduction mondiale a été enrayée dans une certaine mesure. Qu'un cataclysme survienne dans les environs de Santos, que plusieurs années mauvaises s'y succèdent, qu'une maladie cryptogamique, aussi foudroyante que le phylloxera y atteigne le caféier et cet arbuste pourra être précieux pour le Congo. D'ailleurs sa culture y est très aisée, le climat et le sol de la grande forêt équatoriale lui conviennent parfaitement, et sa préparation n'est ni longue ni délicate. Enfin sa qualité est supérieure comme le montre le passage suivant extrait d'un rapport de la Chambre de Commerce d'Anvers. « Les plus fins connaisseurs ont goûté ce café; ils ont été unanimes à déclarer qu'il est excellent de goût et d'arome, et supérieur sous ce rapport au café Santos, sans toutefois être aussi fin et aussi fort que le café Java ou Haïti. Son goût agréable, sa bonne préparation, la grosseur de sa fève, le rendent particulièrement propre au marché d'Anvers; il entrera facilement dans la consommation du pays parce qu'il pourra concourir avec les principales sortes consommées en Belgique, telles que le Java, l'Haïti, le Santos ».

Le cacaoyer est moins vivace au Congo que le caféier, il lui faut une terre argileuse et une situation abritée; ses semences sont délicates et sa transplantation difficile; la forêt équatoriale lui convient d'ailleurs fort bien.

Les premières plantations et la plupart de celles actuellement existantes ont été faites au moyen de graines provenant de l'île de San Thomé; on essaie aussi d'acclimater les cacaoyers du Vénézuéla, de la Guyane Hollandaise, de Colombie, de San Salvador et de la Trinité.

Pour réussir, la plantation du cacaoyer nécessite la réunion des conditions suivantes :

Climat, terrain, moyens de communications favorables et main-d'œuvre abondante.

Le climat ne doit être ni sec ni trop pluvieux. Le Mayumbe où la température dépasse rarement 37° et descend souvent à 8° centigrades et où l'année la plus pluvieuse (1898) et la moins pluvieuse (1904) ont donné une hauteur de pluie respective de 2 m. 632 et de 0 m. 892, est particulièrement favorable à cette culture. Aussi le gouvernement étudie-t-il la formation d'un grand centre de culture du cacaoyer aux environs du poste de Ganda-Sundi (Mayumbe).

Le terrain doit être granitique, ce qui est également le cas du Mayumbe; par contre le cacaoyer ne réussit pas dans la majeure partie de la colonie à cause des grès et des schistes dont le sol est formé.

Au point de vue des moyens de communication, les tarifs sont encore trop élevés, aujourd'hui, pour que l'exploitation de la plante puisse être avantageuse. Tel n'est pas le cas du Mayumbe étant donné sa proximité de la mer,

En ce qui concerne la main-d'œuvre, elle est abondante dans cette région et les salaires y sont payés en argent. Le salaire moyen est de 8 à 10 francs par mois plus la nourriture.

Les autres districts où se cultive le cacaoyer sont l'Équateur, l'Aruwimi, la Province Orientale. Le nombre de plants de la colonie était de 214.000 à la fin de 1908, dont 17.000 mis en terre dans le cours de l'année. La production fut de 29.766 kilogrammes à 1 fr. 20 en moyenne.

Les progrès réalisés ont été très considérables depuis une quinzaine d'années. Il semble que l'on peut reporter sur cette culture les espérances qu'avaient fait naître la plantation de café avant la crise de surproduction de l'État de Sao Paulo. C'est à l'heure actuelle, la seule plante économique de grande culture susceptible de fournir des résultats certains dans des conditions normales de productions Le Mayumbe offre d'ailleurs un emplacement disponible très étendu, qui se prêtera parfaitement à une culture rémunératrice.

Les plantes médicinales les plus fréquentes au Congo sont : le ricin, le tamarin, l'arbre à cubèbe, diverses variétés d'euphorbes, le strophantus, succédané de la digitale, le baobab, l'arbre à cola, etc...

Le baobab est un arbre gigantesque dont le tronc peut atteindre 25 mètres de circonférence. Il apparaît dans la partie occidentale de l'Afrique équatoriale; au

Congo on le rencontre en grandes quantités dans certains districts, par exemple aux environs de Boma et de Kimstrasa, mas il disparaît au delà du Kasaï. Quant au faux baobab, on le trouve dans les régions montagneuses, ses fruits sont également employés en médecine.

L'arbre à col abonde dans toute la région centrale; il peut atteindre 30 mètres de hauteur. En plein rapport dans sa dixième année il donne une moyenne annuelle de 40 à 45 kilogrammes de noix employées en pharmacie. Son rendement est alors de 30 à 60 francs suivant les années.

Le colatier se rencontre tantôt à l'état sauvage, tantôt à l'état cultivé, seuls les indigènes du bas-fleuve lui consacrent leurs soins.

Plantes industrielles. — Les bois. — En ce qui concerne les bois, la grande forêt équatoriale présente une flore extrêmement complexe et à l'heure actuelle de nombreuses espèces sont encore inconnues. Cette forêt couvre la plus grande partie du territoire congolais. Elle projette à l'Ouest la forêt du Gabon dont se détache au Sud, celle du Mayumbe. Il y a lieu de mentionner également les nombreuses forêts que l'on trouve dans les vallées et dans la savane. Les endroits où le bois est le mieux venu, le plus touffu et le plus élevé, sont les régions argileusse du Mayumbe,des environs de Lukolela et des districts de la Province Orientale et de l'Aruwimi. Il est moins fourni dans les districts centraux, de l'Équateur et du Bangala.

M. Goffart (1), donne la liste suivante des bois de construction et d'ébénisterie les plus fréquents et les plus utiles.

1° *Bois de construction.*

L'*Elongo*, excellent bois de construction, jaunâtre.

L'*Eluku*, très bon.

Le *Kabunba*, bon.

Le *Kifuli-Milji*, bon.

Le *Monbinxo*, bois blanc-jaunâtre, très bon pour la construction.

Le *Mukulu*, excellent.

Le *Tjiuja*, très bon.

2° *Bois d'ébénisterie*

a) Bois noirs :

Le *Mbolu* (*Millelia Laurentii*) fournit un bois d'ébénisterie remarquable : le cœur est fortement coloré d'un brun noir, dur et très résistant; il pourrait être utilement exporté.

Le *Mbolu* (*Millelia Versicolor*).

b) Bois rouges :

Le *Nkula* (*Plerocarpus Cabrac*).

(1) *Op. cit.*, pp. 308-309.

c) Bois jaunes :

Le *Gulu-Maza* (*Sarcocephalus Diderrichii*) dont le bois est jaune clair quand l'arbre est jeune et devient plus foncé avec l'âge.

Le *Nkubi*, qui donne un joli bois jaune d'ocre, facile à travailler.

Le même auteur cite encore :

Le *Sanga;* il ressemble au hêtre, mais il est beaucoup plus fort et plus dur.

Le *Seke*, l'un des bois le plus résistant que l'on connaisse, analogue au noyer d'Amérique.

Le *Talanli*, qui ressemble au chêne.

Le *Kaf-kaf* qui ressemble à l'accacia, donne un bois rougeâtre qui sert à faire des traverses de chemins de fer.

Le *Sambi* ou le *Vouckou*, qui fournissent un bois blanc très dur.

L'*Ambalch*, bois très léger, poreux, employé comme flotteur.

Les *Ficus*.

Alors que pour le chêne d'Europe, la densité est de 0,725, que la charge de rupture à la compression par kilomètre carré est de 400, et la limite de tension à la flexion par millimètre de section de 6 kilogrammes, les chiffres correspondants sont de 0,950, 600 et 9,50 pour le *Sanga*.

Malgré la richesse forestière inouïe du bassin du Congo, l'exploitation n'a pas encore donné de brillants résultats. Tout d'abord il est douteux que le Congo puisse exporter avant longtemps les nombreuses essences que l'on y rencontre. Il faudrait une telle réduction des frais de transpprt que l'on ne peut envisager cette éventualité pour le moment. Certes, chaque poste puise dans la forêt le bois qui lui est nécessaire; Lukobela possède même une exploitation considérable, pourvue d'une scierie, alimentant surtout les chantiers de marine de Léopoldville. Mais tout ceci ne présente aucun intérêt immédiat pour le commerce d'exportation.

En ce qui concerne le Bas-Congo, la principale cause des déceptions éprouvées est la trop grande dissémination des arbres de la même essence, ce qui rend presque impossible l'exploitation rationnelle. Les divers chantiers qui ont été ouverts n'ont pas permis d'obtenir des résultats avantageux, mais il n'y a pas lieu de se décourager; lorsque on aura opéré des déboisements systématiques, que les communications seront plus aisées et que l'on connaîtra mieux la forêt, le bois du Bas-Congo pourra devenir un article d'exportation fort intéressant.

Les plantes textiles. — Les plantes textiles sont également fort nombreuses au Congo; mentionnons les *borassus*, l'*élaïs*, le *palmier bambou*, le *baobab* déjà cité parmi les plantes médicinales, le *calamus-rotang*, les *agaves*, l'*ananas sylvestris*, le cotonnier, le *chanvre*, sauvage et cultivé; les *raphias*, la *ramie* et le *jute*.

Le coton croît en liberté à de nombreux endroits. Parmi les diverses variétés de cette plante viennent en première ligne, le cotonnier commun, sur les rives du Tanganyka, le *Gossypium arborescens* et le *Gossypium barbadense*. Le *Gossypium arborescens* pousse dans la forêt, et le *Gossypium barbadense* abonde surtout dans l'Aruwimi. On trouve aussi le coton en diverses variétés, dans le Manyama, où il couvre la savane, au nord de Boma, où il est très abondant, dans le Bas-Congo, la région des cataractes et le Kasaï.

Les indigènes s'adonnent d'ailleurs à sa culture et le gouvernement de la colonie ne manque pas de les encourager. Dans le Bas-Congo un agronome a reçu la mission spéciale d'inspecter leurs plantations, de les encourager, de les assister de conseils pratiques et de veiller à ce que les récoltes se fassent en temps opportun.

D'autre part, l'on cherche aussi à propager les cotonniers des États-Unis, du Pérou, de l'Égypte. Les variétés américaines et égyptiennes ayant donné de bons résultats, le gouvernement commande d'importantes quantités de graines de ces espèces, et les fait distribuer aux chefs indigènes qui se sont le mieux appliqués à la culture de cette plante.

Le gouvernement fait aussi cultiver le cotonnier

dans divers postes agricoles qui servent de champs d'expériences, par exemple à Kalamu et à Kionzo.

Les rendements en quantité sont encore insuffisants par rapport à la main-d'œuvre employée, mais la qualité est très bonne et permet de pronostiquer un avenir favorable. La substitution à la main d'œuvre de machines agricoles perfectionnées permettra sans doute d'obtenir un prix de revient avantageux.

L'expérience a démontré que la région équatoriale n'était pas propice à la culture du cotonnier, en raison de l'humidité de l'air et de la persistance des pluies qui entravent la maturation; aussi l'administration a-t-elle décidé de ne poursuivre ses essais que dans le Bas-Congo.

Le chanvre est cultivé dans le Kwango, le moyen Kasaï et le Sankuru. Il existe aussi à l'état sauvage. On distingue plusieurs variétés parmi lesquelles le chanvre de Manille, produit par le bananier textile (*Musa textilis*) et le chanvre de Maurice fourni par l'agave; le premier n'a pas donné de bons résultats au point de vue de la qualité, le second est cultivé à Eala et dans le Bas-Congo; les essais se poursuivent et permettent d'escompter un avenir prospère.

Les *raphias* sont des palmiers à feuilles fibreuses répandus dans toute la forêt équatoriale. On les rencontre surtout dans le Kasaï, le Lualaba et l'Aruwimi. Leur fibre est très employée dans la brosserie.

La *ramie* est une ortie vivace, assez semblable au chanvre et pouvant atteindre 4 mètres de hauteur. Ses rendements sont très satisfaisants au double point de vue de la qualité et de la quantité; elle peut fournir jusqu'à six récoltes par an et sa fibre, plus élastique que celle du chanvre, est incorruptible dans l'eau.

Cette plante n'est pas d'origine indigène. Elle a été introduite au Congo par les soins du Gouvernement de l'État indépendant. L'*urtica nivea*, introduite en 1896 à Boma, a réussi au delà de toutes espérances; la *Boehmeria nivea* et la *Boehmeria tenacissima* ont été plus difficiles à acclimater, mais maintenant elles progressent normalement.

Enfin le jute (*Corchorfus clitorius et capsularis*) a été apporté dans le Bas-Congo en 1906 et y réussit fort bien.

Les plantes oléagineuses. — Les variétés les plus importantes de plantes oléagineuses sont le *sésamier*, le *cotonnier*, le *ricin*, le *karité* (arbre à beurre), l'*oba*, le *nulla panza*, l'*arachide* et le *palmier élaïs*.

Le nulla panza, arbre à grandes gousses, croît dans toute la région forestière; l'huile qu'il fournit est employée à la fabrication du savon.

L'arachide, petite papillonacée de 30 à 60 centimètres de hauteur, fructifie deux ou trois fois par an;

le fruit donne de 28 à 32 % d'huile comestible pouvant également servir à l'éclairage, à la savonnerie et à la parfumerie. Le résidu de la fabrication, le tourteau, sert d'engrais et de nourriture pour le bétail.

L'arachide pousse très bien dans la savane sablonneuse; on cultive beaucoup cette plante dans la région maritime pour l'exportation, et l'administration a installé de vastes champs de culture dans le district des cataractes. Citons aussi les cultures indigènes du Haut-Congo (districts du Stanley-Pool, du Kwango, du Lac Léopold II, du Lualaba-Kasaï et des Stanley-Falls).

La récolte est énorme (de 80 à 100 hectolitres à l'hectare) et ne nécessite qu'un léger grattage du sol. Des tarifs de faveur en permettront peut-être l'exportation du Haut-Congo, mais la production semble devoir rester au second plan, car d'autres cultures sont plus rémunératrices. L'exportation ne s'en est pas moins élevée à environ 50.000 kilogrammes en 1905.

Le palmier Elaïs se rencontre dans la majeure partie du territoire de la colonie. Cet arbre peut atteindre 30 mètres de hauteur. Les fruits disposés en régime de 30 à 40 kilogrammes donnent deux sortes d'huiles : l'huile provenant de la partie charnue, utilisée pour le graissage des machines, la fabrication du savon et des bougies, et l'huile provenant du noyau, de bonne qualité comestible.

Ce palmier préfère les terrains sablonneux et la

forêt. Dans le Haut-Congo, on le trouve surtout dans les districts du Stanley-Pool, du Kwango, du Bangala, de l'Équateur, de l'Aruwimi et plus particulièrement dans la zone des Stanley-Falls. Au Bas-Congo, les indigènes l'exploitent de façon régulière dans la forêt du Mayumbe et les îles du bas-fleuve; c'est de ces endroits que vient la presque totalité de l'huile de palme exportée.

Le palmier Élaïs est d'un bon rapport et les natifs qui le cultivent se contentent de l'émonder une fois par an et de le fumer. Sa valeur à Anvers étant double de celle qu'elle comporte sur les lieux, tant pour l'huile que pour la noix, l'exportation en est très avantageuse, à condition de prendre l'huile et la noix dans les districts de Boma et de Banana situés au bord de la mer et de l'estuaire.

L'européen exploite peu cette plante, il préfère en acheter les produits aux noirs et se réserver le commerce d'exportation. Les transactions pourront d'ailleurs augmenter dans de fortes proportions, la demande d'huile étant considérable. La Belgique seule en consomme trois fois plus que le Congo n'en envoie à l'étranger; il existe donc une marge considérable qui donne de belles perspectives d'avenir.

Les plantes à gomme. — Le caoutchouc. — Les arbres à gomme et à résine constituent à l'heure actuelle la principale richesse végétale du Congo.

Aussi ne peut-on qu'approuver le Gouvernement belge d'en encourager le plus possible la culture rationnelle.

Les deux essences les plus répandues dans la colonie sont : les *Landolphia* (*Landolphia* des forêts et *Landolphia* des herbes) et les *Ireh* ou *Funtumia elastica*.

L'Ireh, grand arbre qui atteint 20 mètres surtout dans les terrains d'argile rouge. Il donne jusqu'à 5 kilogrammes par récolte.

La *Landolphia des forêts* se rencontre dans toute la partie boisée de la colonie; contrairement à l'Ireh, elle se présente sous la forme d'une liane très longue et très puissante qui s'accroche aux arbres par des vrilles.

La *Landolphia des herbes* pousse surtout dans les savanes sablonneuses; elle est constituée de rhizomes souterrains, qui projettent des rameaux aériens de 20 à 60 centimètres.

L'Ireh et les deux sortes de Landolphia se subdivisent en un assez grand nombre de sous-espèces dont l'énumération serait fastidieuse.

Au point de vue de la production du caoutchouc, c'est le district du Lualaba-Kasaï qui se place au premier rang. Il y est récolté par la Compagnie du Kasaï qui l'exploite également dans une partie du district voisin du Kwango oriental.

Le caoutchouc du Kasaï est supérieur aussi bien comme qualité que comme quantité; le latex qui le fournit est tellement riche, qu'il se coagule spontanément au contact de l'air.

On rencontre dans le Lualaba-Kasaï surtout des Landolphia qui donnent du caoutchouc rouge; on y trouve aussi de l'Ireh, du *Clitandra Arnoldiana* produisant le caoutchouc noir, et des lianes-genre *Carpodinus*. Ces dernières ne paraissent pas pouvoir donner du caoutchouc ayant le caractère commercial.

Le centre des opérations de la Compagnie se trouve à Dima; autour de cette ville se sont établies de nombreuses factoreries où les indigènes apportent le caoutchouc et d'où ils emportent les denrées européennes auxquelles ils s'accoutument graduellement.

Bolombo, Bena, Makimi, Madibi et Munungu sont les grands centres de la culture des lianes; on s'occupe au contraire de l'Ireh aux environs du Lukombe-Madibi.

L'Aruwimi convient surtout au Landolphia des forêts, aux Clitandra Arnoldiana et aux Carpodinus Gentilii.

Les districts des cataractes, du Stanley-Pool, sont couverts sur de vastes étendues de Landolphia des herbes de diverses espèces. Les indigènes n'extraient le latex que de la partie souterraine de la plante. Ils ont le tort de la battre insuffisamment, ce qui a pour effet un mélange de gomme et de débris végétaux qui diminue de beaucoup la qualité du « Bas-Congo ».

Dans la province orientale, on rencontre surtout des Clitandra Arnoldiana; il en est de même dans le district du Bangala; dans l'Oubanghi, le Clitandra Nzunde, au Sud de Banzyville, donne un latex abondant qui fournit un caoutchouc noir de très bonne qualité.

L'administration est intervenue avec insistance dans la production du caoutchouc, soit pour en augmenter la culture et la rendre plus rationnelle, soit pour empêcher l'épuisement que pourrait provoquer une exploitation imprudente.

Elle a tout d'abord prescrit la propagation de l'Ireh dans tous les districts où sa croissance peut s'effectuer dans de bonnes conditions. Ce caoutchouquier donne d'excellents produits; sa croissance est vigoureuse; on peut en planter 800 à l'hectare, alors que la même superficie ne peut contenir que 666 lianes; son caractère arborescent rend inutile l'emploi d'arbres tuteurs qui épuiseraient le sol.

D'autre part le Brésil produit le meilleur caoutchouc connu, le Para qui provient de l'Hevea. Cette gomme, fort cotée, commence à être exploitée dans des entreprises récemment créées en Malaisie et dans les Straits Settlements (Singapore). Les expériences poursuivies pendant plusieurs années, ont démontré que cette essence donnerait dans certains districts du Congo, d'aussi bons résultats que dans le Bassin de l'Amazone; aussi la colonie a-t-elle fait en Malaisie, d'importantes commandes de graines d'Hevea qui se sont ajoutées à celles provenant des plantations antérieures.

Dans les régions caractérisées par de longues saisons sèches, le *Manhio Glaziovii*, originaire du Brésil, et le *Ficus elastica*, provenant de l'Annam, s'acclimatent très bien et donnent des résultats satisfaisants.

Le gouvernement encourage les indigènes à aménager à leur profit, des plantations d'essences utiles; il a donné au personnel agricole, la mission de les initier aux meilleurs procédés de culture et de récolte, et de les intéresser de la sorte à un travail qui ne manquera pas d'améliorer les conditions de leur vie domestique et de contribuer au développement économique et commercial de la colonie.

L'administration a également organisé, dans le district du Lac Léopold II, un essai d'exploitation des forêts à catouchouc par des travailleurs libres, régulièrement engagés.

Les résultats obtenus semblent satisfaisants, et s'ils se maintiennent la tentative sera graduellement étendue aux autres régions du Congo.

Après avoir essayé d'opérer des replantations dans tous les postes de la colonie, le gouvernement a limité ses efforts à un certain nombre d'établissements agricoles choisis en connaissance de cause par les agronomes dans chaque district producteur. Toute plantation de cette nature doit comprendre un ou plusieurs secteurs de 50 hectares. En outre trois grands centres de culture d'essences à caoutchouc, d'une étendue d'environ 300.000 hectares sont établis :

1° Dans la zone du Mayumbe, aux envir sonde Banza.

2° Dans le district de l'Oubanghi, aux environs du poste de Duma.

3° Dans le district du Lualaba-Kasaï, dans les forêts de la haute Lukerie, entre les postes de Katako Kombe et de Lodja.

Il fallait aussi parer aux dangers qui menaçaient la production du caoutchouc, là où elle était florissante. Mal éduqués, cultivant au hasard, sans se rendre compte des résultats de leur mode d'exploitation, les indigènes n'hésitaient pas à couper les lianes et les arbres, ce qui facilitait leur travail sur le moment, mais il devait en résulter par la suite, une baisse considérable de la production. Le Gouvernement s'est rendu compte de la situation difficile qui résulterait de l'abaissement de la production la plus importante de la colonie; il a pris diverses mesures destinées à faire obstacle à ces procédés qui pouvaient compromettre pour longtemps la prospérité du Congo. On a défendu, sans restriction, de couper les arbres et les lianes; et on a imposé aux récoltants l'obligation de planter un nombre d'arbres proportionnel à la quantité de produit récolté (au moins 50 pieds pour le caoutchouc d'arbres ou de lianes et 15 pieds pour le caoutchouc des herbes par 100 ou par fraction de 100 kilogrammes de caoutchouc frais récolté). Cette dernière réglementation contenue dans le décret du 22 septembre 1904, a d'ailleurs soulevé le mécontentement de nombreux récoltants, qui voient dans cette obligation du repeuplement des forêts caoutchoutifères une lourde charge leur imposant l'emploi d'un personnel spécial et absorbant, disent-ils, une part importante de leur activité.

L'administration émue par ces plaintes, étudie la possibilité de remplacer cette obligation par une taxe fixe, dont le produit serait consacré à des plantations qui se substitueraient à celles actuellement imposées aux récoltants. Ce système permettrait le choix d'un personnel d'élite et la création de plantations établies suivant des méthodes plus rationnelles. Il se pratique d'ailleurs dans d'autres colonies africaines, notamment au Cameroun.

Le résultat de cette sage intervention s'annonce comme devant être favorable. Aujourd'hui les autorités ne craignent plus l'épuisement du caoutchouc congolais et elles envisagent l'avenir avec confiance. Les nouvelles méthodes de culture augmentent le rendement et l'initiation des indigènes aux procédés perfectionnés de récolte, apporte une amélioration constante du produit. On espère donc fermement que le caoutchouc restera longtemps encore la principale richesse du Congo.

Au surplus si l'on veut se livrer à des conjectures sur l'avenir du produit on observe qu'il a au point de vue commercial un caractère différent de la plupart des autres végétaux. Si l'on prend par exemple le café, le cacao, le thé ou même les céréales cultivées en Europe et si l'on essaie d'en accroître le rendement dans de fortes proportions il en résultera une crise de surproduction. Nous avons affaire en effet à des produits dont la demande ne croît qu'avec lenteur guère plus vite que n'augmente la population mondiale. Avec le caoutchouc, par contre, nous nous trouvons en présence d'une marchandise dont la demande a crû depuis une vingtaine d'années d'une façon considérable. L'offre peut donc augmenter chaque année beaucoup plus que s'il s'agissait d'une denrée alimentaire; le prix moyen ne faiblit pas, il a même plutôt une tendance à la hausse.

Il semble que longtemps encore il en sera de même; les applications du caoutchouc augmentent chaque jour; les progrès de l'électricité et de l'automobilisme lui réservent surtout de fort belles perspectives.

A côté du caoutchouquier il paraît assez peu intéressant de parler des autres arbres à gomme et à résine. Mentionnons toutefois les arbres à gomme arabique et à gomme gutte, signalés entre le Rubbi et l'Ouélé, le *copal* et la *gutta-percha*.

Les arbres à copal, de la famille des légumineuses,

abondent dans toute la forêt équatoriale sur les rives basses des rivières. La gomme se présente sous deux aspects; le copal vert, fraîchement récolté à l'arbre et le copal fossile enfoui dans la terre, de beaucoup supérieur au premier. Le copal sert surtout à la fabrication des vernis. La Belgique fait venir du Congo à peu près tout le copal dont elle a besoin.

La gutta-percha, latex coagulé du *palaquium* de l'*isonandra*, etc... ne paraît pas exister à l'état sauvage au Congo. Ici encore l'État est intervenu d'une façon très heureuse; depuis 1895, l'administration s'est livrée à des essais qui, finalement, furent couronnés de succès.

L'acclimatation faite, on songe maintenant à encourager et à développer la production. Ici encore l'avenir semble favorable, car la demande est supérieure à l'offre.

Plantes tinctoriales. — Les plantes tinctoriales sont également abondantes et variées dans la colonie. Certains arbres, surtout dans le Mayumbe, fournissent des bois de teinture remarquables, par exemple le *Takula*, le *Sekegna* et le *Gulu*; le *Rocou* est un arbuste dont les graines donnent une teinture rougeâtre; l'*Orseille* de l'ordre des lichens, vit sur les arbres du Bas-Congo, du Kwango et de l'Oubanghi et l'on en extrait une teinture violette.

Au point de vue économique, ces diverses plantes ne

sont pas intéressantes et nous ne croyons pas qu'il y ait lieu de leur attacher de l'importance pour l'avenir. La concurrence toujours croissante des couleurs d'origine minérale, et en particulier de celles extraites de la houille, ne cesse de restreindre leur champ d'emploi. Le Gouvernement de l'État indépendant s'en est rendu compte à propos de l'indigo, que l'on avait commencé à acclimater au jardin botanique d'Eala; on a renoncé à en continuer la propagation, l'indigo d'origine industrielle ne laissant à l'indigo végétal aucune perspective d'avenir.

Plantes narcotiques. — En ce qui concerne les plantes narcotiques, nous nous contenterons de citer le tabac, cultivé dans toute la colonie, dont l'usage paraît s'être répandu en partant de la côte de l'Atlantique.

Ici encore le Gouvernement a fait un effort assez considérable. A côté des deux espèces indigènes le *Nicotiana tabacum*, qui donne un produit clair et très fort et le *Nicotiana rustica* dont le produit plus foncé contient moins de nicotine, il a introduit dans ses plantations du district des Cataractes, les semences des tabacs les plus réputés. Les résultats de ces essais furent en général excellents, surtout en ce qui concerne l'espèce *Richmond* qui s'est même améliorée en croissant au Congo. Des postes spéciaux pour la culture du tabac ont alors été établis à divers endroits, Kamba dans le district des Cataractes, Schingenga, Kaia, Bulatu (sur le Shiloango) etc... Des essais se poursuivent d'autre part au jardin botanique d'Eala.

Toutefois au point de vue commercial on n'a pas encore obtenu de tabac susceptible d'une exploitation avantageuse. Mais le Gouvernement belge espère pouvoir arriver à de bons résultats économiques, lorsqu'il sera parvenu à éduquer la population indigène, car cette culture nécessite de grands soins et la manipulation doit être faite de façon fort délicate. Au surplus le tabac est productif sans une période d'attente longue, et tel n'est pas le cas du cacaoyer, du caféier, des arbres et lianes à caoutchouc.

D'autre part, les Belges sont de grands fumeurs, le jour où ils pourront trouver au Congo du tabac de qualité supérieure et à de bonnes conditions, il est certain que cette denrée fera l'objet dans la colonie, d'un commerce d'exportation assez important. On ne peut donc qu'encourager le Gouvernement belge à persévérer dans la voie qu'il s'est tracée.

Régime foncier. — Le régime foncier congolais a déjà fait l'objet de quelques observations dans notre esquisse historique, relative aux origines et à la formation de la colonie du Congo. Il est passé par trois phases successives auxquelles nous croyons devoir consacrer quelques développements : la première phase, libérale, va de 1885 à 1891 ; la seconde, restrictive, de 1891 à 1910, la troisième a succédé aux décrets de 1910.

a) De 1885 à 1891, l'État indépendant favorise en général l'initiative privée. Il est défendu à toute personne physique ou morale de déposséder les indigènes des terres qu'ils occupent et qui continuent à être régies par les usages locaux; les noirs peuvent exploiter à leur compte les mines établies sur leurs biens-fonds (Ordonnance du 1er juillet 1885 et décrets des 17 décembre 1886 et 8 juin 1888). Le principe de la domanialité des terres vacantes reste d'autre part théorique, car les indigènes trafiquent en toute liberté de tous les produits naturels.

b) Le Roi Léopold II s'avisa bientôt que ces dispositions coûtaient fort cher et obéraient les finances congolaises et sa fortune personnelle. Certes il a recours au Parlement belge qui octroie des fonds à titre de prêt à l'État indépendant, et la Conférence de Bruxelles de 1890 autorise également la perception de droits d'entrée de 10 % *ad valorem*, mais ces mesures sont insuffisantes, et le roi-souverain prend le décret du 21 septembre 1890, qui ne fut jamais officiellement publié, et qui chargea les commissaires de certains districts de prendre « les mesures urgentes et nécessaires pour conserver à la disposition de l'État les produits domaniaux notamment l'ivoire et le caoutchouc ».

S'appuyant sur ce décret, M. Georges Le Marine, commandant des expéditions de l'Oubanghi, lança deux circulaires qui firent de tout le Congo, le domaine de l'État (quelques factoreries du bas-fleuve exceptées). L'une d'elles la plus importante, interdisait aux indigènes des régions de l'Ouélé, de l'Oubanghi et du Boma, de récolter l'ivoire et le caoutchouc, dans les plaines, marais, savanes, forêts et autres districts inoccupés; c'est-à-dire dans les terres ni cultivées, ni bâties et par conséquent dans presque tout le territoire; les commerçants européens qui achetaient ces produits aux noirs devaient être considérés comme des recéleurs.

Les sociétés commerciales ne manquèrent pas d'élever de violentes protestations. Citons ces paroles de M. Brugman, président de la Société du Haut-Congo à une Assemblée générale des actionnaires. « Défendre aux indigènes de vendre de l'ivoire et du caoutchouc provenant des forêts et des savanes de leurs tribus et qui font partie de leur sol héréditaire est une véritable violation du droit naturel. Défendre aux commerçants européens d'échanger avec les indigènes cet ivoire et ce caoutchouc, les obliger à acheter des concessions pour commercer avec des natifs, est contraire à l'esprit et au texte de l'acte de Berlin, qui a proclamé la liberté illimitée pour chacun de commercer et interdit la création de monopole. »

L'État indépendant voulut opposer à cette protestation et aux autres réclamations qui ne manquèrent pas de se produire, des arguments légitimant sa conduite. Il adressa un questionnaire d'une grande habileté aux jurisconsultes les plus appréciés de l'Europe :

« Le droit de l'État sur les biens, sans maître n'est-il pas une conséquence logique de la souveraineté même, demande-t-il ; ce droit ne résulte-t-il pas de la législation foncière que l'État indépendant s'est donnée et qui attribue ces biens au domaine? Spécialement les immeubles qui ne sont ni occupés, ni exploités par les natifs et ceux qui n'ont pas été acquis par les indigènes font-ils partie du domaine de l'État?

« La théorie des biens vacants, propriété de l'État est-elle contraire au principe de liberté commerciale, inscrit dans l'acte général de Berlin?

« Les servitudes internationales étant d'interprétation difficille, ce principe de la liberté commerciale peut-il porter atteinte aux droits domaniaux?

« Le caoutchouc n'est-il pas un fruit naturel des forêts qui le produisent? Et comme tel, le propriétaire de la forêt ne peut-il en disposer librement ! »

« Le résultat de ces consultations, a-t-on dit fort justement, ne pouvait être douteux. A des questions théoriquement posées, les jurisconsultes donnèrent des réponses théoriques » (1).

Le Gouvernement de l'État indépendant profita des réponses qui furent faites à son questionnaire pour obliger les sociétés commerciales à accepter un régime transactionnel, réglementé par le décret du 30 octobre 1892, aux termes duquel les terres vacantes étaient réparties en trois zones :

La zone libre où la récolte du caoutchouc était permise, moyennant redevances, aux colons et aux natifs.

Le domaine privé (Cf. le décret du 5 décembre 1892) où l'exploitation est prohibée aux particuliers.

La zone provisoirement réservée.

Cette distribution des terres en trois régions fut modifiée à plusieurs reprises dans ses détails. Qu'il nous suffise d'indiquer ici la répartition existant en 1908, au moment de l'annexion :

Le domaine privé, qui subsiste en 1908 avec de légères modifications sous le nom de domaine national.

Le domaine de la couronne, créé par le décret du 8 mars 1896, aux dépens du domaine privé et de la zone libre.

Les sociétés propriétaires, sociétés commerciales ayant reçu certaines parties du domaine privé.

(1) Cattier, *Étude sur la situation de l'État indépendant du Congo*, pp. 63-64.

Les sociétés concessionnaires ayant le droit exclusif d'exploiter certains produits sur des parties considérables du domaine privé (1).

Le domaine privé représentait deux sixièmes et le domaine de la couronne un sixième des terres; les sociétés concessionnaires occupant deux sixièmes il ne restait donc qu'un sixième du territoire congolais à la disposition de l'initiative vraiment libre.

Certes, la domanialité des terres vacantes, n'est guère contestée par les auteurs. Mais si dans une nation comme la France ou la Belgique, il est facile de distinguer les terres vacantes des terres occupées, il n'en est pas de même des pays exotiques qui connaissent seulement la propriété collective du sol.

En ce qui concerne le Congo belge, le Père Vermeersch (2) déclare avec beaucoup de netteté, qu'en principe les terres ne peuvent être considérées comme vacantes et il étaye son opinion sur les données que lui ont fournies de nombreux missionnaires. « La propriété définitive et stable, dit-il, les indigènes la connaissent sous la forme collective, la communauté étant le village ou la tribu. Cette propriété s'étend d'ordinaire sur tout le territoire sur lequel le chef exerce sa juridiction. Les limites sont d'ailleurs nettement définies. Il suffit de poser la question : « A

(1) L'État possédait un grand nombre de leurs parts sociales et avait la majorité dans les Conseils d'administration.

(2) *La question congolaise*, p. 64.

qui cette terre? » pour obtenir la réponse : « Ceci est à tel chef; jusque-là c'est à un tel ».

M. Touchard qui a très sérieusement approfondi la question, déclare également que la propriété individuelle (1) est minime au Congo, mais que la propriété collective y existe partout; elle embrasse non seulement les terrains momentanément occupés par des cultures ou des huttes, ou utilisés pour la cueillette des fruits, mais tout le territoire dépendant du clan et du village.

La même appréciation se rencontre chez un grand nombre de voyageurs, de missionnaires et de colons.

En somme, d'après les opinions les plus autorisées, au Congo la propriété collective des terres est le droit commun et leur vacance l'exception : en tout état de cause il faut donc présumer la première de ces formes et rejeter la domanialité.

L'État indépendant ne s'est pas inspiré de ces principes; après avoir reconnu jusqu'en 1891 que les terres occupées par les natifs seraient considérées comme leur propriété collective, après avoir admis qu'ils pouvaient librement y récolter et y vendre tous les produits naturels du sol, et que les colons ne pouvaient s'établir sur les terres dépendant d'un village qu'en traitant avec le chef pour l'achat et la location de parcelles, il admit une nouvelle interprétation de

(1) *Mouvement géographique*, 1903, col. 376.99.

la théorie des terres vacantes, tout à fait restrictive, en vertu de laquelle les indigènes n'avaient de droit que sur les terrains où étaient établies leurs huttes et leurs cultures; le reste devait être considéré comme vacant. C'était supprimer toute propriété collective et retirer aux noirs les étendues qu'ils avaient toujours considérées comme leur appartenant en commun. C'était constituer un domaine immense, qui allait devenir le domaine national et le domaine de la couronne. Cette transformation brusque de la situation juridique d'une grande partie des biens fonds congolais suscita de nombreuses critiques et on a pu dire fort justement : « Attribuer sans aucune réserve aux propriétaires du sol la propriété de tous les fruits serait déjà une conclusion excessive dans nos pays où les droits d'usage le restreignent souvent. A plus forte raison cette conclusion est-elle inadmissible dans un pays où la liberté absolue du commerce a été solennellement et internationnellement proclamée par l'Acte de Berlin... L'État outrepasse ses pouvoirs il lèse les intérêts du commerce quand de sa propre autorité il établit un monopole de fait. » (1)

Mais si l'État s'arroge le droit d'occuper les terres vacantes ou soi-disant telles, il peut également les concéder à des personnalités physiques et juridiques, leur transmettre l'exercice de ses droits. L'État

(1) Laveleye, *Le Moniteur des Intérêts matériels*, septembre 1892

indépendant allait user largement de ce pouvoir.

L'article 5 de l'Acte de Berlin est cependant rédigé de la façon suivante :

« Toute puissance qui exerce ou exercera des droits de souveraineté dans les territoires sus visés ne pourra y concéder ni monopole ni privilège en matière commerciale. »

Mais le roi Léopold II estimait que le fait d'accorder des concessions en sa qualité de souverain absolu du Congo, ne constituait ni un monopole ni un privilège commercial.

Voici quel était le raisonnement tenu en faveur de sa thèse : Les droits conférés aux concessionnaires ne se réfèrent qu'à l'exploitation forestière, agricole et industrielle des terres domaniales; il ne s'agit donc là que des produits du sol et de l'industrie agricole, partout considérés comme des choses en dehors du commerce. La vente et l'échange du caoutchouc ne peuvent donc être regardés comme des opérations commerciales. Quant aux produits que les indigènes apportent aux concessionnaires, ils ne les leur vendent pas puisqu'ils n'en sont point propriétaires: ce qu'ils reçoivent en échange est simplement le salaire destiné à rémunérer leur prestation. Le commerce avec les indigènes n'est d'ailleurs restreint pour personne, à condition que les natifs ne mettent pas en vente des produits domaniaux réservés à l'État ou à ses concessionnaires.

Au point de vue juridique il nous semble que ce raisonnement n'est pas susceptible de réfutation; il n'en est pas moins vrai que cette solution supprimait en fait la liberté du commerce sur les cinq sixièmes environ du territoire congolais; les indigènes en effet ne pouvaient guère échanger que de l'ivoire et du caoutchouc contre les denrées européennes des commerçants non investis de concessions. Le monopole du commerce du caoutchouc et de l'ivoire constituait donc le monopole de tout le commerce congolais. Ajoutons que l'État indépendant jouit comme un marchand de tarifs de transport par voie ferrée moins élevés que les particuliers et d'exemptions d'impôts et de droits de douane, puisqu'il se les paie à lui-même. Tout ceci n'était point conforme à l'esprit sinon à la lettre de l'Acte de Berlin.

La Belgique prenant possession du Congo ne pouvait guère y continuer la politique léopoldienne sans accentuer les critiques des nations étrangères intéressées.

Comme nous l'avons vu dans notre introduction historique, le roi Albert Ier, tout en conservant les excellentes bases de l'organisme édifié par son oncle, allait se trouver dans la nécessité d'en éliminer graduellement les mauvais éléments. Nous avons déjà mentionné le programme de M. Renkin, indiqué dans l'exposé des projets de budget de l'exercice 1910, et nous avons donné quelques indications sur les quatres décrets de 1910 qui suivirent; ils se rapportaient à la suppression des impôts en travail, à la réorganisation des chefferies et au droit de disposition des produits du sol. Ce dernier point nous intéresse seul pour l'instant.

Le décret du 22 mars 1910 sur la récolte des produits végétaux dans les terres domaniales maintient le principe de la domanialité; il ne restitue donc pas aux indigènes la propriété collective dont ils avaient dû se désaisir; mais il leur rend la libre disposition des produits du sol. La Belgique conserve donc la nue propriété, mais leur abandonne en principe l'usufruit.

Voici les principales dispositions de ce réglement :

Du jour où cessera l'exploitation en régie toute personne dûment patentée ou occupant un établissement pour lequel elle paie l'impôt personnel, pourra à la condition de se munir d'un permis de récolte (250 frs par an pour le copal et le caoutchouc), soit récolter, soit faire récolter les produits végétaux sur les terres domaniales, non louées ou concédées, soit acquérir des indigènes les dits produits.

Les Congolais indigènes n'exportant pas directement les produits du sol pourront les récolter sans permis et les vendre librement au plus offrant.

Le Gouvernement se réserve le droit de limiter, de supprimer ou de suspendre temporairement par décret la récolte, dans telle ou telle région, pour telle ou telle raison, en particulier pour cause d'épuisement.

Il est créé autour de chacun des postes de Loto, Nodja-Dekese, Belo et Nepoko, une réserve forestière de six cents mille hectares.

Ces dispositions constituent un grand progrès sur la réglementation antérieure; certes la réforme s'accomplit en trois étapes annuelles et ne concerne pas les terres concédées; elle constitue non pas, une reconnaissance des droits des indigènes, mais seulement une mesure gracieuse et toujours révocable. Dans son rapport au Conseil colonial sur le projet de décret, M. Durpiez n'a pas manqué d'insister sur ces points dans les termes suivants : (1)

« Le droit de récolte organisé par le règlement actuel comprend tous les produits végétaux des terres domaniales, à l'exception des coupes de bois qui ont été prévues et réglementées par le décret du 3 décembre 1901.

« Quelle est la nature de ce droit de récolte? Ce n'est évidemment pas un droit réel, une sorte de servitude dont seraient dorénavant grevées toutes les terres domaniales un droit absolu envers et contre tous, acquis dès maintenant et à tout jamais à tous les indigènes et habitants de la colonie.

« La Colonie propriétaire des terres domaniales croit que le meilleur mode d'usage qu'elle puisse faire

(1) Conseil colonial, *Compte rendu analytique*, 1910, p. 325.

actuellement de son droit de propriété c'est de permettre à tous, indigènes ou non indigènes, moyennant des conditions diverses, de récolter les produits végétaux naturels; mais elle n'entend pas par là restreindre en quoi que ce soit son droit de propriété. Elle veut pouvoir dans la suite aliéner des terres domaniales, à titre onéreux ou à titre gratuit au profit d'individus ou de communauté indigènes ou non indigènes, donner ces biens domaniaux en location ou concéder des droits de jouissance exclusive sans grever les futurs propriétaires ou occupants de l'obligation de, respecter le droit de cueillette.»

Tel est fort bien résumé l'état juridique actuel de la grande partie du territoire congolais. Certes cette question est liée de très près à celle des impôts en nature et des impôts en argent; nous nous occuperons de cette dernière lorsque nous étudierons les finances congolaises dont elle constitue un élément des plus importants.

Le règne minéral. — Sous le rapport de la richesse minière, le Congo n'est pas moins bien partagé qu'au point de vue de la faune et de la flore. Certes la connaissance du sous-sol de la colonie est très peu approfondie à l'heure actuelle, mais les prospections déjà faites et les concessions exploitées, permettent de prévoir un très bel avenir industriel. En passant en revue les métaux dont on a reconnu des gisements, nous allons voir que, du moins pour l'instant, c'est la région du Katanga qui tient la tête.

Les travaux de recherches sont effectués, soit pour le compte de la Colonie qui exploite déjà plusieurs mines en régie, soit pour le compte des sociétés désireuses de se voir accorder des concessions. Il s'agit en l'espèce surtout de compagnies de chemins de fer : la Compagnie des chemins de fer du Congo supérieur aux grands lacs africains et celle du chemin de fer du Bas-Congo au Katanga. Citons également la société internationale forestière et minière du Congo et le Comité spécial du Katanga qui ne dispose plus maintenant de ses anciennes prérogatives politiques et administratives.

La Compagnie du chemin de fer du Congo supérieur aux grands lacs africains prospecte dans le Manyema. Elle a signalé diverses découvertes intéressantes, notamment de schiste bitumeux dans les environs de Ponthierville, de veines de quartz aurifères et d'alluvions de graviers et de sables aurifères dans le Sud-Est du district de Stanleyville.

La Compagnie du chemin de fer du Bas-Congo au Katanga examine plus particulièrement la région du Haut-Kasaï.

La société internationale et forestière du Congo a obtenu l'autorisation d'exploiter des alluvions et des filons aurifères et les gisements de fer qu'elle a découverts dans le Haut-Tele (affluent de l'Iturumbi).

Mais la plupart des prospections ont été accomplies sous l'égide de la Compagnie du Katanga par la *Tanganyka Concessions limited* et en particulier par M. Williams. Nous verrons par la suite, la convention passée entre ces deux sociétés.

Le fer. — Le fer est sans doute le métal qui abonde le plus dans le sous-sol congolais. Il y a lieu de s'en féliciter d'autant plus que différents pays autrefois suffisamment pourvus de minerai de fer, en achètent maintenant de plus en plus à l'étranger, nous voulons parler de la Grande-Bretagne et surtout de l'Allemagne dont on connaît les efforts actuels en Lorraine, en Normandie, en Algérie et au Maroc.

L'exploitation méthodique du fer aura donc une grande influence sur la prospérité future de la colonie.

Depuis longtemps, le fer est connu des indigènes, certaines tribus se sont spécialisées dans son extraction. Celle-ci ne leur présente d'ailleurs pas de grandes difficultés, car en général ils ne se servent que du minerai situé à fleur de sol. Mélangé à du charbon de bois, il est jeté dans de hauts fourneaux d'argile tout à fait rudimentaires; il donne un produit très pur qui est transformé en blocs que l'on vend à des tribus de forgerons, ou, directement en objets ouvrés.

Le fer se présente au Congo sous forme de *magnétite*, *d'oligiste*, ou de *limonite*. Dans la région cotière, ces trois espèces abondent dans le Mayumbe et vers Manyanga; dans le centre la limonite prédomine; on l'y trouve surtout dans les bassins de la Maringa et du Rubi, au confluent de l'Oubanghi et au Nord-Est du lac Tumba. La région supérieure, contient des gisements dans le Mayema, l'Urua, le Haut-Kasaï et particulièrement le Katanga. Le fer du Katanga est si abondant et d'une teneur telle qu'on peut considérer cette contrée comme l'un des terrains ferrifères les plus riches du monde.

Le cuivre. — Le cuivre existe aussi au Congo dans des proportions considérables. Il semble que la colonie belge deviendra dans un avenir très prochain une rivale redoutable pour les États-Unis qui tiennent actuellement le premier rang pour la production de ce minerai.

Les trois zones du cuivre au Congo, sont le groupe côtier, celui de l'Oubanghi et celui du Katanga sur lequel il convient d'insister d'une façon toute particulière.

Le groupe côtier comprend les gisements français de Mindouli et de Boko-Songo, et les gisements portugais de Bembé situés tous trois près de la frontière. On espère en rencontrer d'analogues dans le sous-sol de la colonie. Le minerai de cuivre y est en général mélangé de fer; il est exploité de façon rudimentaire, mais active, par les indigènes qui le répandent à l'intérieur.

Le groupe de l'Oubanghi est formé des mines qui doivent exister dans l'Oubanghi-Bomu au nord de la frontière, mais que les Européens n'ont pas encore visitées. Là également on espère que le gisement se continue dans le sous-sol du Congo.

Signalons aussi des gisements au nord-est de Ponthierville et dans l'angle formé par l'Oubanghi et le Congo tout près de leur confluent.

Au Katanga la zone du cuivre s'étend de l'Ouest à l'Est sur 320 kilomètres de longueur. Elle se trouve dans une situation géographique assez avantageuse pour permettre sans grandes difficultés, la communication, avec les grands marchés mondiaux. Elle est d'une richesse telle que son exploitation influencera sérieusement le prix du métal.

La zone du cuivre est surtout remarquable par la teneur élevée du minerai, qui n'est atteinte nulle part ailleurs dans le monde. Un ingénieur américain a évalué le montant visible de cuivre contenu dans certains gisements à 2.150.000 tonnes, ce qui, au cours de 70 francs la tonne donne une valeur d'environ 4 milliards de francs. Ces chiffres se rapportent à l'année 1904. Depuis lors on a reconnu 9.000.000 tonnes de minerais exploitables à teneur de plus de 12 %

dans la seule mine de Rambove, 320.000 tonnes à 15 % et 900.000 tonnes à 6 1/2 % dans celle de l'Étoile du Congo, etc...

Ces quantités colossales de cuivre reconnues, se trouvant toutes à moins de 40 mètres de profondeur, on pourra les exploiter à ciel ouvert, par la simple méthode des carrières, ce qui permettra une production à bon marché. En outre la teneur de 6 à 25 %, en moyenne générale de 14 %, est considérable si on la compare à celles du Calumet et Hécla, du rio Tinto et du Boléo qui s'élèvent respectivement à 2-3 %, 3 % et 1 %.

L'énergie nécessaire au transport et à tous les procédés mécaniques utilisés dans le traitement du minerai sera captée dans les nombreuses chutes d'eau de la région. La Lufira fournira 16.000 hp. et le Lualaba 150.000 (1).

Dès que les machines indispensables seront arrivées et montées, l'exploitation annuelle pourra donner 15.000 tonnes de cuivre au début et s'élever bientôt à 100.000 tonnes (dont 3.000 pour Kambove et 1.200 pour l'Étoile du Congo).

Voici maintenant le devis établi par les ingénieurs Anglais pour l'extraction, le traitement et le transport (2).

(1) Rapport de l'Union Minière du Haut-Katanga pour 1908, p. 4.

(2) Interim Report de la Tanganyka du 28 juillet 1908, Rapport de M. Allan Gibb, pp. 32-33.

Extraction et transport aux endroits de manipulation à 4 sh. la tonne.

Frais de fusion dans des hauts fourneaux d'une capacité de 100 tonnes de minerai par jour (en y ajoutant 25 % de fondants) : pour 100 tonnes.

25 tonnes de minerai à 15 sh.............	£	18 05
Traitements de 7 Européens à fr. 1		7 00
Salaires de 60 indigènes à sh. 1		3 0
Travaux de réparations, etc		7 05
Frais généraux et imprévus...............		10 00
	£	46 00
25 tonnes de charbon provenant de Wankie (Rodhesie)........................		125 00
	£	171 00

En supposant une teneur en cuivre de 15 %, les frais de fusion reviendront à 171 : 15 = £. 11.8 la tonne. Si nous y ajoutons le coût d'extraction de 100 tonnes de minerai = 400 sh., ce qui divisé par 15, donne 1,7, la tonne de cuivre pur reviendra à £ : 12,15 à la sortie du haut-fourneau. Les frais de transport jusqu'à un port d'Europe pouvant être évalués à £ 8 ou 9, le prix de revient du cuivre rendu en Europe serait donc à peu près de £ 21 ; au cours actuel de 70-71, il resterait donc un bénéfice énorme pour les producteurs de cuivre du Katanga.

Si la teneur était de 10 % et de 6 %, le prix de

revient s'élèverait respectivement à £ 27,10 et £ 40,10 la tonne, ce qui laisserait encore une marge considérable.

L'étain. — La zone de l'étain au Katanga se trouve malheureusement dans la partie du district ravagée par la maladie du sommeil. Cette zone a une longueur de 160 km. et va du Sud Sud-Ouest au Nord Nord-Est (près des chutes Kalengwé). L'exploitation commencée à Busanga a dû être provisoirement suspendue à cause de la dite maladie et des frais d'extraction trop élevés. Ce gisement pourra donner par la suite 6.000 tonnes; celui de Kibole paraît en contenir 15.000; celui de Ruwe au fur et à mesure qu'il s'enfonce sous terre contient de plus en plus de platine.

L'étain a été également signalé au Congo entre l'Ouélé et l'Itembiri et sur le Kasaï.

L'or. — On avait nié longtemps l'existence de l'or au Congo, mais il a fallu se rendre à l'évidence; il y est exploité maintenant à divers endroits et forme un article d'exportation fort important.

Des prospecteurs avaient été envoyés en 1902 pour faire l'étude minière de la région Nord-Est vers la crête de partage du Congo et du Nil. Dès 1903, ils découvrirent des alluvions aurifères dans le bassin du Haut Ituri à l'ouest du Lac Albert. De là vient l'origine des mines de Kilo qui, en 1906, donnèrent plus de 200 kilogrammes, en 1909, 656 kilogrammes, et en 1910, 876 kilogrammes. Ces mines sont exploitées en régie par la colonie. La région a été étudiée avec beaucoup d'attention. En se basant sur une production annuelle de 730 kilogrammes, l'exploitation durera environ 15 ans.

Les centres miniers de l'Aruwimi et de la Moto sont encore dans la période d'installation; ils seront également exploités en régie.

Au Katanga, de l'or (dont la trace se rencontre presque partout dans le minerai de cuivre) a été mis à jour à plusieurs endroits. La mine la plus importante, est située à l'est du Lualaba, à Ruwe près de Kasembé. Le bénéfice moyen s'élève à 1.108 francs par kilogramme. Cette mine contient aussi de l'argent et du platine. Des alluvions aurifères ont été également découvertes à Kambove, à Fungurume, etc...

Autres minéraux. — Les autres minéraux et produits du sous-sol se rencontrent également au Congo, mais on est très peu fixé sur l'importance des gisements. Il y a des indices de pétrole et on a découvert des traces de charbon dans le Katanga; on y trouve aussi de l'argent en petites quantités, du platine et même du diamant. Le plomb est signalé au Kwilu, au Mayumbe, et à la Mia (Bas-Congo), le zinc dans l'Ituri, le manganèse, près du poste de Lulua, le nickel dans les roches des Monts de Cristal, etc., etc...

Exploitation des mines, régies et concessions. — La richesse minière du Congo paraît devoir être considérable. Les mines du Katanga, tout particulièrement celles de cuivre et de fer, sont d'une valeur inestimable et l'on compte que bientôt elles menaceront sérieusement la production américaine du cuivre et compléteront avantageusement la production européenne du fer, insuffisantes l'une et l'autre malgré l'extension récente des mines de Lorraine et la découverte des gisements de Normandie. Les minerais congolais sont exploités par les indigènes, dans une faible mesure et dans des conditions que seule la facilité d'extraction rend brillantes; l'État fait de la production en régie pour l'or (1) et pour le sel, et il semble décidé à étendre son domaine minier dans un but fiscal; mais le mode le plus employé est le système des concessions. Comme il s'applique à la région du Katanga, il nous semble utile de donner sur l'administration de ce district quelques renseignements qui nous permettront de comprendre le régime des concessions minières.

Autrefois le pouvoir exécutif avait été délégué dans toute la région du Katanga à un Comité spécial, organisme autonome jouissant de la personnalité civile et dirigé par six membres dont quatre nommés par l'État indépendant et deux par

(1) A la mine de Kilo.

la Compagnie du Katanga (convention du 19 juin 1900).

La Compagnie du Katanga constituée en 1891, se proposait les buts suivants :

Exploration au point de vue de la colonisation, de l'agriculture, du commerce et de l'exploitation minière, du territoire formant le bassin du Haut-Congo en amont de Riba-Riba.

Étude générale des voies de communication terrestres et fluviales à établir dans ces régions.

Constitution à l'aide de ses ressources ou par des sociétés spéciales d'entreprises de colonisation et d'exploitation du sol et du sous-sol.

Création, organisation et exploitation de tous les services de transport.

Lancement de deux steamers sur le Congo supérieur et les lacs limitrophes, etc...

L'État indépendant cédait en pleine propriété à la Compagnie, un tiers du Katanga (y compris la concession pendant 99 ans du sous-sol dans les terrains concédés) et lui accordait pendant 20 ans un droit de préférence sur toutes les mines qu'elle découvrirait dans les deux tiers restants. En échange, l'État indépendant recevait 10 % du capital et des parts de fondateurs de la société.

La Convention de 1900 passée entre l'État et la Compagnie eut pour but, en instituant le Comité spécial, de la débarrasser de tous soucis pécuniaires, tout en conservant la propriété du tiers d'un pays si riche en minerais de toutes sortes. Mais par contre, elle se déssaisit de toute autorité réelle dans le pays, elle abdique entre les mains du Comité. En somme l'État reprenait tous ses droits politiques abandonnés en 1891. A l'indivision des biens entre la Compagnie et l'État se substituait un domaine unique géré par une personnalité civile.

Ce régime dura jusqu'en 1910, date à laquelle tout droit politique fut retiré au Comité spécial (décret du 22 mars). Le rôle de cette organisation est maintenant réduit à la gestion des biens communs de la colonie et de la Compagnie.

Le Comité au début de son existence manquait de personnel instruit et son organisation étaitinsuffisante, il ne pouvait dans ces conditions procéder à l'exploration du sous-sol ; il s'entendit donc avec M. Williams, représentant de la *Tanganyka Concessions limited* établie en Rodhesie. Une première convention intervint le 8 décembre 1900, elle autorisait la compagnie du Tanganyka à procéder à des prospections dans le Sud et le Sud-Est du Katanga jusqu'au 9 décembre 1905. En cas de découvertes, la mise en valeur du gisement devait être concédée gratuitemnet à des sociétés filiales indépendantes. Le capital leur serait fourni moitié par le Comité et moitié par la Compagnie. Elles devaient durer 30 ans, période au bout de laquelle elles étaient susceptibles d'obtenir une prorogation de 59 ans sous certaines conditions.

La Convention passée entre le Comité et la Tanganyka fut prorogée d'un an, c'est à dire jusqu'au 9 décembre 1906, date à laquelle un nouveau contrat fut signé; les clauses principales du nouvel arrangement, sont les suivantes : la part du Comité dans les avantages de constitution des sociétés filiales sera de 80 % et celle de la Tanganyka en conséquence de 20 %; il devra en être ainsi jusqu'au 9 décembre 1909; mais si le Comité le désire, la Compagnie sera tenue de mettre à sa disposition pendant deux ans, moyennant rémunération, tout le personnel qu'elle occupera à ce moment dans le Katanga. Les découvertes faites pendant ces deux ans seront exclusivement au profit du Comité, mais la Compagnie aura droit à 10 % des bénéfices nets, avec maximun de 2.500.000 frs.

Cette juxtaposition de quatre organismes : l'Etat indépendant, la Compagnie du Katanga, le Comité Spécial du Katanga et la *Tanganyka Concessions limited* peuvent paraître bizarres dès l'abord. Mais elles s'expliquent et se justifient parfaitement et l'on peut même y voir un trait de génie du feu roi, qui est arrivé ainsi à faire dévier les convoitises de l'Angleterre et à donner au Congo et à la Belgique un des bassins miniers les plus riches du monde entier. Laissons la parole à M. Rosenthal (1)

(1) Rosenthal, *Le développement économique du Katanga*, pp. 36 et 37, Bruxelles, 1911.

qui a longuement étudié la question et semble l'avoir fort bien comprise. « Ces conventions, si l'on va au fond des choses, sont d'une importance bien plus grande qu'il ne semble à première vue. Leur but principal était évidemment l'exploration de la partie méridionale du Katanga au point de vue minier. Mais sur une apparence purement commerciale, elles cachent en plus quelque chose comme un dessein politique : nous avons vu comment l'élément anglais était désireux de s'approprier les régions minières et comment avec l'aide de la Compagnie du Katanga on a heureusement réussi à parer le coup de main tenté de ce côté. Les Anglais en gens tenaces ont pourtant continué leurs efforts en essayant de conquérir le pays d'une manière plus pacifique, et s'ils n'ont pu, comme sans doute ils l'eussent désiré, mettre la main sur le pays tout entier, ils ont au moins obtenu des droits sur une partie considérable. Il nous semble d'autre part, que les Belges en acceptant de travailler en compte commun, avec le groupe Williams ont également été bien inspirés; ils se sont assurés ainsi de précieux auxiliaires et ont en même temps réussi à contenter un puissant voisin, dont on connaît et l'appétit et la manière de le satisfaire. Le roi Léopold, l'âme de ces conventions, était un fin connaisseur des hommes et des choses et nous pouvons être bien certain qu'il n'aurait pas abandonné aux Anglais un si fort intérêt dans le Katanga, s'il y avait eu moyen d'en tirer par un autre procédé un parti plus judicieux. »

Parmi les filiales constituées d'un commun accord entre le Comité spécial et la Tanganyka on peut citer l'« Union Minière du Haut-Katanga », la « Société d'études et de recherches Minieres du Bas-Katanga », la « compagnie Géologique et Minière des Ingénieurs et Industriels Belges », la « Société Commerciale et Minière du Congo », la « Société Industrielle et Minière du Katanga », le « Belgo-Katanga », etc., ainsi que de nombreuses sociétés agricoles, foncières et commerciales.

Industries manufacturières. — Le Katanga ne fait pas encore l'objet d'une grande exploitation industrielle; dans quelques années les usines y seront nombreuses et les mines pleines d'activité; mais on ne peut parler à l'heure actuelle d'une industrie importante.

Certaines tribus monopolisent divers arts manuels, comme la confection des armes (lances, couteaux, rasoirs, houes, etc.) en se servant du fer et, comme ornementation, en utilisant le cuivre. La vannerie a pris également beaucoup d'extension; elle est faite avec goût et habileté; la poterie a souvent une certaine valeur artistique. Pour le tissage (coton, chanvre, fibres de nombreux palmiers), les indigènes se servent de métiers analogues à ceux auxquels on avait autrefois recours en Europe.

La fonderie de cuivre installée par l'Union minière du Haut-Katanga, sur la rivière Lubumbashi, près d'Élisabethville, a fait sa première coulée le 1er juillet 1911. L'industrie du bâtiment commence à se développer, de nombreuses sociétés se sont constituées dans ce but, et depuis un an plusieurs briqueteries, scieries à vapeur, etc... ont été fondées au Katanga. On y étudie en ce moment, l'installation d'une fabrication de ciment. Tout ceci permettra au Gouvernement de ne plus construire en régie et de recourir au système moins onéreux de l'adjudication. Une imprimerie privée fonctionne au Katanga, une autre est en voie de création à Boma. Une brasserie et une fabrique d'explosifs sont projetées à Élisabethville. L'industrie européenne encore rudimentaire, paraît donc vouloir sortir de sa torpeur et faire de rapides progrès.

QUATRIÈME PARTIE

TRANSPORTS, FINANCES PUBLIQUES ET RELATIONS COMMERCIALES

Voies et moyens de communication. — Quelle que soit la richesse naturelle d'une colonie, quelles que soient les possibilités révélées par sa flore, sa faune et son sous-sol, ce pays ne présente presque aucune utilité s'il manque d'un réseau développé de voies de communication.

Un bassin fluvial navigable, vers lequel convergent de longues rivières également navigables, fait autant pour la prospérité d'une région que les autres richesses spontanées. L'Afrique serait sous ce rapport fort bien partagée, si le cours de ses grands fleuves, le Nil, le Niger, le Zambèze, le Congo, n'était coupé par des rapides. Les premiers explorateurs du Congo, nous l'avons vu, se sont heurtés aux nombreuses difficultés résultant de cet état de choses; l'exploitation méthodique du pays a été retardée par ce fait, qui a eu également pour résultat, pendant de longues années, le portage et toutes ses horreurs.

Nous allons voir ce qui a été fait pour la mise en valeur du Congo par les voies de communication, en étudiant tour à tour la navigation fluviale, les voies ferrées, les routes et le service des postes, télégraphes et téléphones. Nous dirons ensuite quelques mots des communications existant entre le Congo et l'Europe et en particulier la Belgique.

Le Portage. — On a beaucoup flétri, surtout en Angleterre et dans la presse belge d'extrême-gauche, les abus auxquels avaient donné lieu ce procédé. A la fin de cet ouvrage nous examinerons ces critiques en détail; mais dès maintenant nous pouvons dire qu'à l'époque où les services de navigation fluviale et les voies ferrées n'existaient pas, la réquisition obligatoire de porteurs indigènes était pour l'Etat indépendant une absolue nécessité.

Si l'on y avait point eu recours, la mise en valeur du pays eût été arrêtée; la construction du chemin de fer de Matadi à Léopoldville, trait d'union entre le bassin central et le Bas-Congo, n'était guère possible sans l'utilisation du portage. Chaque fois que des rails ont été posés ou qu'une ligne de navigation intérieure a été organisée, la nécessité du portage à diminué. Ainsi la ligne de portage de Stanleyville-Avakubia a été supprimée dès que le trafic entre ces deux centres s'est fait par vapeur, de Stanleyville à Yambuya sur l'Aruwimi et par pagayeurs réguliers, engagés au service de l'Etat, de Yanuya à Avakubia sur le Haut-Ituri. Bientôt le portage ne sera plus qu'un mauvais souvenir.

Les voies fluviales. — Au point de vue des communications intérieures, l'Etat indépendant, puis la Belgique sont allés au plus pressé. Il n'y a pas eu de ces plans grandioses de voies ferrées que nourrissent plusieurs nations. Rien de semblable à la ligne du Cap au Caire, dont le Royaume-Uni s'ingénie à poursuivre la réalisation conformément aux suggestions de Cécil Rhodes, rien d'analogue au projet de transéquatorial allemand. Plus pratique le roi Léopold II a compris que l'entreprise d'œuvres aussi gigantesques dès le début de la colonisation d'un pays, pourrait en retarder la mise en valeur, sans parler des capitaux qu'il lui eût été malaisé de se procurer.

Le gouvernement de la Colonie s'est tout simplement attaché à constituer une voie mixte, tantôt fluviale, tantôt ferrée, du Haut-Congo à l'embouchure du fleuve; on se sert à cet effet des quatre biefs navigables; le Lualaba au-dessus des Portes d'Enfer, le Lualaba de nouveau de Kindu à Ponthierville, le Congo de Stanleyville à Stanley-Pool (Léopoldville) et enfin de Matadi à la mer. Ces quatre biefs sont réunis par trois voies ferrées, aujourd'hui en exploitation, Kongolo

(Portes d'Enfer) Kindu; Ponthierville-Stanleyville, et Léopoldville-Matadi. De la sorte, il est maintenant possible, d'expédier du Katanga à l'Atlantique ou inversement les matériaux ou denrées d'exportation ou d'importation, sans employer le portage.

Le Bas-Congo peut être remonté par les navires jusqu'à Matadi; auparavant les vaisseaux attérissent soit à Banana, soit à Boma. Matadi est le grand port de transit. Dans la partie de la Colonie qui se trouve aux bords de l'Océan, le Shiloango est également navigable et il est desservi par une ligne de vapeurs. Le Haut-Congo de Stanleyville à Léopoldville est ouvert aux navires sur une distance de plus de 1.600 kilomètres. Au début l'on a rencontré certaines difficultés quand on a voulu organiser un service de navigation. Le lit du fleuve très large, est en effet encombré d'îles et de bancs de sable, ce qui rend la navigation très difficile surtout lorsque les eaux sont basses. Il a fallu effectuer de nombreux travaux, notamment avec des dérocheuses et se livrer à des dragages prolongés; il faut d'autre part avoir recours à un matériel spécial, composé de bateaux à fond plat, et d'un faible tirant d'eau. Chaque année de nouveaux vapeurs sont expédiés de Belgique pour desservir cette partie du cours. Un steamer de 500 tonneaux appartenant à la Compagnie des chemins de fer du Congo supérieur aux grands Lacs Africains a même pu entrer en service et à été loué par la colonie;

un second steamer de même tonnage, sera expédié de Belgique dans le courant de l'année. Ces deux unités de beaucoup supérieures aux autres vapeurs en service entre Stanleyville et Léopoldville sont pourvus de l'éclairage électrique et de tout le confort moderne. Il ressort des exposés de motifs et des rapports budgétaires que le Gouvernement belge à l'intention de faire construire de nouveaux steamers de fort tonnage; mais elles ne pourront être commandées que successivement, car leur remontage au Congo nécessite de longs mois de travail.

Les deux autres biefs navigables du Haut-Congo (Lualaba) mesurent respectivement 315 kilomètres de Ponthierville à Kindu et 640 kilomètres de Kingolo aux chutes de Konde. De nombreux affluents et sous-affluents du Haut-Congo, sont sillonnés de plus en plus de vapeurs de toutes dimensions. Le Kasaï peut être remonté depuis son embouchure jusqu'aux chutes de Wissmann; un steamer de 200 tonneaux a été expédié de Belgique à la fin de 1911 pour desservir cette importante rivière; la plupart de ses affluents ont pu être remontés : la Lulua jusqu'à Luebo, le Sankuru jusqu'à Pania, Mutambo, la Fini-Lukenie jusqu'à Lodja, le Loango jusqu'au 6° de latitude sud, la Djima jusqu'aux chutes de l'Archiduchesse Stéphanie et le Kwango jusqu'aux chutes François-Joseph avec interruption à Kinganshi.

L'Irebu, l'Oubanghi, la Busira Phuapa, et son

affluent le Momboyo, l'Ikelenga, la Lulonga et ses deux rameaux le Lopori et la Maringa, le Rubi, l'Aruwimi, le Lomani, le Luapula et la Lufira sont accessibles sur de grandes longueurs. Le service hydrographique travaille très activement à déblayer le cours de ces rivières des obstacles qui peuvent s'y trouver; des dragues et des dérocheuses sont envoyées chaque année de Belgique; des cartes très précises indiquent aux pilotes les difficultés qu'ils rencontreront. Léopoldville, Kinshasa et Ponthierville possèdent des chantiers pour le montage et la réparation des steamers. On peut constater chaque année de nouveaux progrès, de nouvelles facilités pour une mise en valeur rationnelle de la colonie.

Non seulement l'État, mais encore les corporations religieuses et surtout les sociétés commerciales possèdent des vapeurs, de sorte que le trafic augmente chaque année dans d'excellentes proportions. Pour l'année 1911 l'accroissement des ports de Léopoldville et de Kinshasa accuse un trafic de 1.015 passagers blancs et 2.422 passagers noirs à la montée et 570 passagers blancs et 3.305 noirs à la descente; quant au tonnage des marchandises, il s'est chiffré à la montée à 16.016.471 kilogrammes, dont 4.330.838 pour les services propres de la colonie, et à la descente à 2.991.264 kilogrammes.

En plus des services organisés ou en voie d'organisation sur le Congo et ses affluents, signalons qu'un navire a été lancé récemment sur le Tanganyka. Enfin sur les affluents et sous-affluents qui ne sont pas accessibles aux vapeurs, il a été organisé des services de rameurs et de pagayeurs, dirigés par des Européens, par des indigènes ou par l'administration coloniale. Les pirogues des nègres atteignent quelquefois cinq tonnes, réunies elles forment souvent d'importants convois.

Les voies ferrées. — Comme nous l'avons vu le splendide réseau des voies navigables du Congo belge a un inconvénient qui a créé de graves difficultés aux explorateurs et a longtemps retardé la connaissance du grand bassin central : le cours du fleuve et de ses affluents est coupé de nombreux rapides. On ne peut donc aller du Katanga à Banana sans transbordements, ce qui allonge la durée du trajet et en augmente le coût. Le premier problème qui s'est posé au roi Léopold II, et qu'il s'agissait de résoudre au plus tôt, c'était l'union du Haut-Fleuve avec le Bas-Fleuve, la construction d'une voie ferrée Matadi-Léopoldville.

Cette ligne est exploitée depuis le 1er juillet 1898. Elle a une longueur de 398 kilomètres. Son achèvement a provoqué une véritable révolution dans l'état économique du Haut-Congo. En effet, cette immense région ne pouvait auparavant exporter la plupart de ses produits. L'importance de cette voie a pu être comparée à celle d'un canal maritime unissant deux mers, d'autant mieux que le Congo est accessible aux navires de fort tonnage jusqu'à Matadi, et qu'en amont de Léopoldville son lit est si large qu'on peut l'assimiler à une véritable mer.

Nous avons dit que, l'inauguration de la voie ferrée Matadi-Léopoldville créait, pour les produits de l'intérieur de la colonie, une possibilité d'exportation. Elle a, en effet, pour mission d'ouvrir l'arrière-pays à l'activité agricole, industrielle et commerciale; mais elle ne pourra remplir ce rôle de façon satisfaisante, que lorsque les tarifs de transport et de manutention permettront aux produits ordinaires, agricoles et miniers de se présenter sur le marché mondial sans être grevés de frais trop lourds. Malheureusement la compagnie concessionnaire (1) perçoit des sommes trop élevées à la montée et à la descente et le Haut-Congo ne peut exporter d'autres produits agricoles que le caoutchouc et, en petites quantités, le cacao; si le Bas-Congo et en particulier le Mayumbe manifeste déjà sa mise en valeur agricole, il n'en est donc pas encore de même du Haut-Congo. Aussi le problème de la reprise du chemin de fer, qui se posera en 1916, s'impose dès maintenant à la Belgique qui doit ne pas oublier, que dans le cas du chemin de fer Matadi-Leopoldville, ce sont moins les bénéfices nets de cette entreprise de transport que la prospérité du Bassin

(1) La Compagnie des Chemins de fer du Congo.

central qu'il s'agit de rechercher et de promouvoir·

En 1898, lorsque fut inauguré le chemin de fer de Matadi à Léopoldville, il eût été facile avec un groupe d'ingénieurs et un personnel aussi bien entraîné de continuer la tâche commencée, de poursuivre activement l'outillage économique du pays, d'entamer la voie ferrée Stanleyville-Ponthierville dont personne ne songeait à contester la nécessité. Il n'en fut pas ainsi, personnel et ingénieurs se dispersèrent et la politique des chemins de fer fut momentanément abandonnée. Il faut tout en déplorant ces temps d'arrêt, ne pas perdre de vue les difficultés financières auxquelles s'est souvent heurté le roi Léopold II en sa qualité de souverain de l'État indépendant.

Ce n'est en effet qu'en 1904 que fut entamée la construction de la seconde ligne, du second trait d'union entre les biefs navigables du fleuve. Le chemin de fer de Stanleyville à Ponthierville, le plus court des trois, n'a que 127 kilomètres, longueur qui lui permet de contourner les Stanley-Falls. Cette voie ferrée est maintenant en exploitation ainsi que la troisième de Kindu à Kongolo (335 kilomètres). Ces lignes ont été construites par l'État, mais elles sont exploitées par la Compagnie des chemins de fer du Congo supérieur aux Grands Lacs africains, bien qu'elles n'unissent pas le Congo aux grands lacs. Au début, cette société avait pour but l'exploitation de deux lignes, l'une de Stanleyville à Mahagi (sur le lac Albert) et l'autre de Mutombo à Ribanga (sur le lac Tanganyka). Ces deux voies de communication auront un jour une très grande importance. La première (1.150 kilomètres) étudiée entre 1900 et 1903, réunira le système du Congo à celui du Nil et formera ainsi une partie du futur transafricain du Cap au Caire; la seconde après la traversée du Tanganyka sera prolongée par les Allemands par Tabora jusqu'à Dar-el-Salam, sur la côte de l'Océan Indien. (1)

Ces deux projets furent momentanément relégués à l'arrière-plan; il parut plus intéressant d'unir le Katanga et le haut cours du Lualaba à la mer, car l'on commençait à se rendre compte des richesses minières du Katanga et de la possibilité de faire de cette partie du Congo, en raison de son climat, une colonie de peuplement.

Actuellement le Katanga est uni à la mer par deux voies différentes : la voie de Matadi que nous venons d'étudier, mi-fluviale, mi-ferrée, et la voie du Cap entièrement ferrée.

Le chemin de fer partant du Cap atteignit Vrybourg en 1890, puis Buluwayo en 1897. *La Rodhésia railways Company* continua sa marche vers le nord et la voie finit par atteindre Brocken-Hill à 200 kilomètres

(1) Une autre voie projetée est celle de Mutombo à Albertville, sur le Tanganyka en face d'Oudjidji, dans l'Est africain allemand.

de la frontière de l'État indépendant. Pour arriver au Katanga dont les richesses minières apparaissaient sans cesse plus considérables et plus tentantes, plusieurs projets furent examinés et rejetés; on s'arrêta enfin à une solution contenue dans la Convention du 10 décembre 1908, aux termes de laquelle la voie ferrée devait entrer en territoire belge à Sakania au kilomètre 213. La société anglaise chargée de la construction de la ligne Brocken-Hill-Sakania se constitua en décembre suivant sous le nom de *Rodhesia-Katanga junction Railways and Mineral Company ;* les études furent commencées en mai 1909 et les travaux attaqués en octobre, la voie atteignit la frontière le 27 décembre de la même année. La construction est donc faite avec une rapidité surprenante.

Du côté belge, la Compagnie du chemin de fer du Katanga n'est pas restée inactive. Le rail atteint Élisabethville à la fin du mois de septembre 1910. Les 255 kilomètres qui séparent cette ville, voisine de la mine Étoile-du-Congo, de Sakania, sont en exploitation depuis le 1er novembre suivant et la ligne comporte 7 stations. Un nouvel emprunt a permis à la Compagnie de terminer en 1912, le tronçon Élisabeth-Kambove qui va être exploité à son tour (166 kilomètres). La troisième partie, Kambove-Bukama par Ruwe, aura une longueur de 300 à 320 kilomètres environ, on escompte son achèvement pour la fin de 1914; dès qu'elle sera en exploitation, on pourra aller sans difficulté de Boma au cœur du Katanga, par voie mi-ferrée mi-fluviale.

La ligne le Cap-Elisabethville a le défaut d'avoir un parcours terrestre trop long. Elle compte en effet 3.707 kilomètres. On projette actuellement de pallier à cet inconvénient par la mise en exploitation d'une ligne Brocken-Hill-Salisbury qui unirait le chemin de fer du Katanga au chemin de fer de Beïra (Mozambique) à Salisbury (Rodhésia) et permettrait de réduire la distance par voie uerrée d'Elisabethville à la mer de 2.200 kilomètres. D'aillersf on peut déjà aller en chemin de fer du Katanga à Beira par Brocken-Hill, Victoria-Falls, Buluwayo et Salisbury auquel cas le parcours est de 2.600 kilomètres environ.

D'autres projets plus ou moins près de leur réalisation existent en vue de la jonction du Katanga à la mer. La ligne la plus courte est celle qui unirait Lobito-Bay et Benguella à Kambove et qui aurait approximativement 1.960 kilomètres, dont 1.200 en territoire portugais et qui entrerait au Congo à Dilolo. La *Companhia de Çaminho ferro de Benguela* en a d'ailleurs commencé la construction, grâce aux capitaux de la *Tanganyka Company*. Les travaux entrepris en 1905 ont dû être interrompus en 1908, faute de moyens, seul le tronçon Lobito-Bay-Cubal est en exploitation ce qui ne représente que 200 kilomètres. Une seconde section de 120 kilomètres est actuellement en construction grâce aux efforts de M. Williams du groupe de la Tanganyka.

La Compagnie du Chemin de fer du Bas-Congo au Katanga d'autre part, poursuit la réalisation d'une voie ferrée directe allant de Léopoldville ou de Dolo au Katanga. Elle permettrait, par sa combinaison avec la ligne Matadi-Léopoldville, d'aller par voie ferrée du Katanga à l'Atlantique. Le but poursuivi est le même que dans le projet précédent, mais le port d'exploitation serait belge et non plus portugais. Cette Compagnie est constituée depuis 1906, son objet est, non seulement de construire la grande voie dont nous venons de parler mais encore de créer certaines lignes de raccordement au Katanga même, pour l'exploitation des mines de cuivre. L'étude de ces communications secondaires se poursuit avec activité tandis que le projet de liaison directe du Katanga à l'Atlantique est relégué pour le moment à l'arrière-plan. Il nous semble toutefois que la réalisation de ce projet serait de la plus haute importance pour le nord du Katanga et en général pour toutes les régions traversées; elle se justifie aussi par des considérations politiques, car l'État doit se préoccuper de pouvoir disposer d'une ligne située en entier sur le territoire congolais et dont le terminus soit un port également congolais. On estime cependant que ce projet ne pourra être réalisé avant longtemps, car le coût dépasserait la somme de 200.000.000 francs.

La même société étudie un autre projet d'un intérêt plus immédiat. On utiliserait le Kasaï et le Sankuru, son affluent ; ces cours d'eau sont parfaitement navigables mais ne peuvent actuellement recevoir que des bateaux de faible tonnage, il s'agirait d'en améliorer le cours et de rendre possible une navigation régulière effectuée avec des steamers plus grands. On aurait ainsi une voie fluviale de 1.500kilomètres allant de Léopoldville à Lusambo. Il resterait à construire une ligne de chemin de fer Lusambo-Ruwe de 940 kilomètres. Le réseau mixte Ruwe-Matadi aurait ainsi une longueur de 2.540 kilomètres, ce qui permettrait une économie de temps et de frais considérables par rapport au réseau mixte du Congo par Stanleyville (1).

L'État Belge s'est si bien rendu compte de l'utilité d'une solution prompte de la question des voies de communication, qu'il participe d'une façon très effective aux dépenses des Compagnies. L'État indépendant d'abord, l'État belge ensuite, se sont engagés vis-à-vis de la Compagnie du Chemin de fer du Bas-Congo au Katanga à lui fournir les fonds nécessaires à l'exécution de tous ses projets, dans la mesure où ils dépassent le montant du capital. L'État s'est engagé à cet effet à émettre, suivant les besoins de la société des

(1) Un autre projet consisterait à joindre Léopoldville à Lusambo ; on aurait ainsi une voie entièrement ferrée Matadi-Léopoldville-Lusambo-Ruwe, mettant en communication le Bas-Congo et l'Atlantique avec le Katanga et une ligne Matadi-Lusambo-Albertville joignant l'Atlantique au Tanganyka.

rentes 4 % jusqu'à concurrence de 4 %. Il accorde en outre à la Compagnie une garantie d'intérêts de 4 % pour les dividendes, mais à titre de prêt récupérable, et il lui octroie certaines concessions minière dans la zone traversée par le futur chemin de fer. Par contre si les bénéfices venaient à dépasser un certain montant, l'État y prendrait part de concert avec la Société (1).

En plus des chemins de fer et projets de voies ferrées dont nous venons de parler et qui présentent un intérêt de premier ordre au point de vue de la mise en valeur du pays, nous devons mentionner la ligne vicinale du Mayumbe, en exploitation de Boma à la Lukula sur une distance de 80 kilomètres, qui met en communication les fertiles régions du Mayumbe avec le Congo maritime. On est en train de prolonger cette petite voie ferrée jusqu'à Tchela; quand le second tronçons sera achevé elle mesurera 145 kilomètres.

Les routes. — L'État indépendant et la Belgique ont attaché une grande importance à la construction de routes nombreuses. Les unes dites de grande communication, sont construites spécialement en vue

(1) Citons encore les deux projets suivants :

a) De Kiambi à Pweto, voie réunissant le cours inférieur du Luapala au lac Moero.

b) De Buta à Bomokandi, voie réunissant le haut Itimbiri à l'Ouélé.

du roulage à traction animale ou mécanique, les autres dites secondaires sont plutôt des sentiers,

La route la plus importante est celle qui unit le bassin du Congo au Nil. Elle va de Buta à Redjaf et a un parcours de 913 kilomètres. Elle se compose de deux tronçons de 200 et 600 kilomètres, réunis par un bief navigable de 215 kilomètres, entre Bambili et Niangara, sur l'Ouélé. Le service de roulage est assuré par des bœufs et des ânes suivant les endroits. Sur le premier tronçon circulent deux camions automobiles à vapeur qui, du reste, ne donnent pas d'excellents résultats. Pour alléger le portage, le Gouvernement a commandé 6 camions à essence pouvant porter 800 kilogrammes et qui ont été mis en service au début de 1912.

Une autre route carrossable de 450 kilomètres unit Pania-Mutombo à Buli; les transports s'y font par chariots à bœufs.

Une grande quantité de routes secondaires dont nous ne donnerons pas l'énumération et dont la longueur et le nombre augmentent chaque année (comme en font foi les exposés des motifs et les rapports concernant le budget de la Colonie), sont ouvertes à la circulation. Récemment encore le Gouvernement a mis à l'étude la construction de routes entre Lukula et Tchela (Mayembe), Tumba et Kitobola, Léopoldville et Kinshasa, Kasongo et Baraka, et Kilo et Nsabe.

« Les grandes routes terrestres, seront successivement transformées en chaussées de grande voirie avec ponts, etc... aménagées en vue du roulage et sur lesquelles circuleront des automobiles, des chariots et des animaux de bât. Ce travail sera considérable et très onéreux, aussi faudra-t-il beaucoup de temps pour le mener à bien. En attendant que ce but soit atteint, rien n'empêchera de passer par des améliorations successives, dont les premières consisteront à élargir ces pistes, à les aplanir, en un mot à permettre d'y substituer au portage,les animaux de bât : éléphants, bœufs et ânes » (1).

Ainsi donc, on travaille beaucoup au Congo, au développement des voies de communication : fleuves et rivières, chemins de fer et routes. La combinaison de ces trois modes permet maintenant l'accès facile de régions, qui, il y a quelques années étaient à peu près inexplorées. Le roi Léopold II et l'État indépendant avaient déjà beaucoup fait à ce point de vue, mais on peut leur reprocher d'avoir procédé avec trop de lenteur à la construction des voies ferrées. Des difficultés financières, et d'autre part le manque d'indications précises sur tout l'intérieur du bassin central, justifie toutefois cette lenteur dans une forte mesure. Depuis l'annexion la politique des chemins de fer a été beaucoup plus active, les études de tracé ont marché

(1) Goffart, *Op. cit.*, p. 122.

avec plusde rondeur, et le Congo est maintenant à ce point de vue, la colonie de l'Afrique équatoriale la mieux pourvue.

Postes, télégraphes et téléphones. — Les postes, télégraphes et téléphones ont également reçu un grand développement au Congo belge. Ici encore chaque année marque un progrès considérable. Le nombre de lettres, imprimés, papiers d'affaires, etc., est passées de 197.628 en 1908 à 284.869 en 1910 pour le service intérieur. Les chiffres correspondants sont respectivement de 772.145 et de 1.392.795 pour le service international. Peu de colonies d'exploitation peuvent s'enorgueillir d'aussi beaux résultats que ne suffit pas à expliquer la réduction des taxes d'affranchissement survenue dans l'intervalle.

Les lignes télégraphiques ne cessent de prendre plus d'extension. La ligne Boma-Lukula suit le tracé du chemin de fer vicinal du Mayumbe. La ligne Boma, Matadi-Léopoldville-Coquilhatville (1.179 kilom.) devait être prolongée jusqu'à Stanleyville, mais les travaux ont été suspendus à la suite des résultats obtenus par la télégraphie sans fil dans la colonie. On poursuit toutefois l'établissement d'une ligne avec fil de Moanda à Banana et à Boma. Citons encore la ligne Kasongo-Kabambare-Baraka-Uvira (425 km. environ) et le câble sous-fluvial de Kinshasa à Brazzaville qui unit le réseau télégraphique congolais au réseau français et par lui au réseau mondial.

L'établissement de communications par télégraphie sans fil est plus rapide et les frais d'entretien paraissent devoir être moins onéreux que pour les lignes ordinaires. Les postes de Banana et de Boma sont ouverts au public et communiquent sur mer avec les navires venant d'Europe. Le programme tracé par le gouvernement consiste à relier le plus rapidement possible Boma à Élisabethville, par une série de postes établis le long du fleuve. Des postes seront également installés à Lusambo et ultérieurement dans l'Ouélé. On créera ainsi des relations entre les chefs-lieux des principaux districts. Ce plan se réalise d'ailleurs assez rapidement. Le 2 avril dernier on annonçait que l'on avait pu communiquer entre Kindu terminus de la troisième ligne de jonction des biefs navigables du Congo et Léopoldville, sur une distance de 1.200 kilomètres. On pense donc que bientôt les radiotélégrammes de Léopoldville pourront atteindre Élisabethville. La réalisation de ce plan d'ensemble, aura sans doute une influence considérable sur le développement de la colonie. L'emploie de la radiotélégraphie au lieu de la télégraphie ordinaire, présente d'ailleurs, dans le cas du Congo, d'autant plus d'intérêt que si la surveillance des fils longeant une voie ferrée est relativement facile, il n'en est pas de même pour les lignes qui s'enfoncent dans la brousse ou la forêt. Pour arriver à maintenir celles-ci en bon état, il a fallu recruter un nombreux personnel noir, réparti en postes de 3 hommes, placés à 15 kilomètres les uns des autres de manière à parcourir journellement le sentier qui suit le cable aérien. Une douzaine de ces postes forme une escouade et celle-ci est placée sous la surveillance d'un blanc qui a pour mission de réparer les fils et les appareils de transmission, de guider et de surveiller les noirs et de pourvoir à leur ravitaillement.

Enfin le Gouvernement belge n'a pas négligé le réseau téléphonique qui comprend déjà plusieurs lignes importantes, parmi lesquelles celles de Stanleyville à Ponthierville et de Kindu à Kongolo qui longent les voies exploitées par la Compagnie des chemins de fer du Congo supérieur aux grands lacs Africains.

Les communications extérieures. —Dans notre étude des communications intérieures, nous n'avons pas cru devoir faire complète abstraction de certaines voies de communications extérieures existant actuellement ou en projet. Nous avons mentionné le chemin de fer du Cap à Kambove en exploitation en ce moment, qui réunit le Katanga à la Rhodésia et à l'Afrique australe anglaise, ainsi qu'à la colonie portugaise de Mozambique (port de Beïra). Nous avons fait égalcment allusion au chemin de fer de l'Afrique orientale allemande, qui, parti de la côte à Dar el Salam s'avance peu à peu vers le Katanga, limite des possessions belges et allemandes, et du chemin de fer de Lobito Bay qui s'avance lentement vers Dilolo et n'atteindra sans doute pas Kambove avant longtemps. Enfin dans l'Oughanda, l'Angleterre a construit une voie ferrée unissant l'Océan Indien (Mombasa) au lac Victoria (Port-Florence) ce lac est traversé au moyen d'un service de steamers aboutissant à Entebbe, d'où part une route carrossable qui atteint Butiaba sur le lac Albert.

Une autre voie de pénétration qui a suscité beaucoup d'efforts et provoqué de nombreuess explorations, souvent sanglantes, est formée par le cours du Nil. Le fleuve est navigable de Khartoum à Redjaf sur 1.900 kilomètres. Le voyageur partant d'Alexandrie sur la Méditerranée doit aller en chemin de fer jusqu'à Stellal et de Riadi-Halfa à Khartoum, le reste du trajet s'effectue par la voie fluviale. Il faut un peu plus de 35 jours pour atteindre le Congo dans ces conditions. On peut aussi partir de Port-Soudan, sur la mer Rouge en chemin de fer et rejoindre à Atbara, après un voyage de 530 kilomètres dans le désert, le tronçon Riadi-Kalfa-Khartoum.

Mais c'est encore par l'Océan Atlantique (Banana, Bama, Matadi), que la plupart des voyageurs et des marchandises pénètrent dans le Congo Belge. Le Gouvernement a fait installer des phares à Banana, Moanda et Bula-Bemba; le service hydrographique s'ingénie à maintenir une profondeur d'eau suffisante dans les passes du Bas-Congo, à refouler à la rive les sables extraits du lit du fleuve et à combler les lagunes et les marais contigus. Mais l'une des deux routes du Bas-Congo, celle de Mateba, voit son chenal se refermer de plus en plus par suite de l'ensablement. Les vapeurs du Gouvernement qui suivaient cette voie seront obligés de l'abandonner à cause des dangers qu'elle présente de plus en plus, à moins que l'on n'y installe à demeure une drague puissante. La route plus longue de Fetish-Rock acquiert beaucoup d'importance et les navires de fort tonnage ne peuvent passer ailleurs.

Diverses lignes européennes de navigation desservent le Bas-Congo, la plupart vont d'ailleurs jusqu'à Matadi. Mentionnons la Compagnie belge maritime du Congo, qui part d'Anvers, la Wœrmann Linie, société allemande et les Chargeurs Réunis venant du Havre et de Bordeaux; leurs navires s'arrêtent à Banana, Boma et Matadi, il y a en outre l'Empreza national de navigaçao qui fait escale à San Antonio de Zaïre (Angola) à l'embouchure du fleuve, l'African Steamship Compagny, etc...

Le tableau suivant donne le mouvement à l'entrée des ports de Banana et de Boma en 1907 et 1910 :

BANANA				BOMA			
NAVIRES au long cours		BATIMENTS de cabotage		NAVIRES au long cours		BATIMENTS de cabotage	
Nomb.	Ton.	Nomb.	Ton.	Nomb.	Ton.	Nomb.	Ton.
112	292.326	139	15.753	110	285.384	146	28.300
119	321.253	142	11.175	103	280.411	124	15.158

Sans doute ces résultats peuvent paraître peu brillants au premier abord, mais il faut remarquer que les transactions varient considérablement d'une année à l'autre, et que le trafic a beaucoup augmenté, en particulier sur les 3 voies de Port-Soudan, de Mombasa et de Beïra.

Les finances publiques. — Les questions fiscales et budgétaires jouent un rôle important dans l'étude de la mise en valeur d'un pays colonial. Des problèmes très nombreux et quelquefois très ardus se posent qui ne peuvent être résolus que par l'État ; ils ont leur répercussion sur le chiffre des dépenses et par conséquent sur les impôts, emprunts et recettes de toute nature. Et c'est particulièrement le cas au Congo Belge puisque, nous le savons, sous le régime léopoldien surtout, très peu de place était laissée à l'initiative privée.

Nous avons l'intention de voir tout d'abord le côté « dépenses ». Nous étudierons ensuite les sources de recettes et à cette occasion nous consacrerons quelque développement à la question monétaire qui a tant d'importance dans les colonies d'exploitation.

Le budget congolais est en ce moment sujet à une évolution très rapide résultant des mesures prises depuis la main mise de la Belgique sur le pays. En effet, l'abandon du système de la régie généralisée devait avoir pour résultat une forte diminution de recettes, que ne pouvaient compenser qu'en très faible partie la hausse du prix des produits récoltés dans le domaine restant exploité par l'État, et la réduction des dépenses qu'occasionnait un service assez compliqué. Par contre, chaque année, voit s'étendre le mouvement normal des affaires, et ce développement a pour conséquence nécessaire l'augmentation du produit des droits d'entrée et des diverses contributions; il y a également lieu de tenir compte de l'accroissement des recettes provenant de la vente des terres, du droit de récolte du caoucthouc et du copal, de la frappe de la monnaie qui ne peut que s'accentuer, etc...

Les dépenses. Afin de nous rendre un compte exact de cette évolution, prenons d'une part le compte arrêté pour l'année 1906 et de l'autre le projet de budget de l'exercice 1912, fixé par arrêté royal du 29 septembre 1911. Le projet comporte pour les dépenses un total de 49.720.310 francs, alors que le compte de 1906 ne s'élève qu' à 28.847.280 fr. 90.

En six ans le budget congolais a presque doublé, et il n'y a pas lieu de le regretter, car cette augmentation est due aux intelligents efforts du gouvernement colonial.

Le service territorial et administratif d'Afrique, la force publique et la police noire, absorbent 18.000.000 de francs de crédit. Ces dépenses improductives mais nécessaires tiennent donc une grande place dans le budget congolais. Elles sont en augmentation constante par suite de l'accroissement du personnel blanc, de l'élévation des salaires du personnel noir, de l'introduction du mode de paiement en monnaie, etc... l'instruction publique, la justice et les prisons, l'état-civil et les successions, les cultes, les dépenses imprévues demandent de leur côté, une somme de 5.600.000 francs environ. Les crédits dont la destination n'est pas directement économique s'élèvent donc presque à la moitié du budget de la colonie.

Les dépenses d'hygiène, auxquelles il faut ajouter celles demandées par les établissements hospitaliers du gouvernement et par l'école de médecine tropicale nous intéressent déjà plus directement. Les questions sanitaires présentent en effet un intérêt puissant au point de vue de la mise en valeur du Congo et des autres colonies tropicales. En 1906 elles n'ont même pas requis 600.000 francs, en 1912, par contre, elles sont prévues pour 1.400.000 francs. Les crédits destinés à cet usage ont donc plus que doublé, mais ils sont encore insuffisants et le Gouvernement belge ne manquera pas dans les budgets ultérieurs, de consacrer plus d'attention à ce chapitre.

La maladie du sommeil fait l'objet de recherches constantes et l'on est parvenu sinon à arrêter ce fléau du moins à ralentir en beaucoup d'endroits sa marche destructive, au moyen de travaux systématiques d'assainissement, de débroussement, de déplacement de villages; d'autre part dans les centres où les Européens ont commencé à mettre la colonie en valeur les indigènes sont mieux nourris; ils suivent aussi davantage les préceptes de l'hygiène et deviennent plus aptes à résister à la maladie. La destruction du gibier paraît aussi constituer un excellent moyen de lutte, car les animaux sauvages sont de véritables foyers d'infection. Il en est de même du porc qui attire la mouche tsé-tsé.

Certes la lutte contre la maladie peut être menée de façon plus efficace aux alentours des postes et des missions; mais en général étant donné l'indifférence des indigènes, l'action des agents du gouvernement sur les populations est encore difficile; on espère toutefois que l'exemple de l'immunité relative des noirs attachés aux postes et aux missions convaincra peu à peu les natifs de l'efficacité de l'intervention de l'État; mais la lutte sera difficile à mener et absorbera des crédits très élevés.

L'État indépendant, puis le Gouvernement belge n'ont cessé de lutter contre l'alcoolisme, terrible fléau qui a dépeuplé des régions entières et a produit d'affreux ravages en diminuant les capacités de résistance à la maladie. La race du Mayumbe a beaucoup perdu en force et en nombre, depuis une dizaine d'années, on estime que le cinquième de la population a disparu; il faudra prendre des mesures de plus en plus radicales, étendre les prohibitions, élever à nouveau les droits d'entrée.

Le service de la marine et d'hydrographie demande 3.700.000 francs en 1912 au lieu de 2.260.000 francs en 1906. Cette élévation est due surtout à la mise en service de nouveaux vapeurs et à l'augmentation du personnel et des traitements. Les travaux publics, les télégraphes et les téléphones, les chemins de fer, les services automobiles etc... exigent 3.100.000 fr.; bien que l'État indépendant et l'État belge aient fait beaucoup pour les voies de communication, ce chiffre paraît bien peu élevé si on le compare au montant total des dépenses budgétaires. Il augmente d'ailleurs chaque année avec rapidité, ce qui ne peut manquer d'avoir une excellente influence sur la mise en valeur du Congo.

Les frais de recouvrement des impôts et des droits de douane, et les dépenses du cadastre ont passé de 1.237.000 francs en 1909 à 3.830.000 francs en 1912 et leur progression est ininterrompue. La délimitation des terres exige une augmentation constante du personnel; de même la perception de l'impôt indigène en numéraire a beaucoup accru les charges de ce chapitre. Quant aux frais afférents aux impôts en nature et à l'exploitation du domaine, de 6.890.000 francs en 1909, ils sont descendus à 1.900.000 francs en 1912. Cette forte diminution est la conséquence de l'abandon à l'initiative privée de la récolte des produits végétaux dans les terres domaniales de la colonie, conformément aux dispositions du décret du 22 mars 1910 et de la décision prise par le Gouvernement de renoncer à la récolte de l'ivoire (1).

Le chapitre consacré à l'agriculture est passé de 1.480.000 francs en 1906 à 2.380.000 francs en 1909 et à 1.160.000 francs en 1912. Cette diminution provient de la résolution prise par le Gouvernement d'abandonner certaines plantations d'intérêt secondaire. Les mines pour lesquelles nous ne trouvons aucun chiffre dans le compte de 1906, demandent 1.600.000 francs en 1912, au lieu de 890.000 francs en 1909. Les cadres du personnel blanc ne cessent d'augmenter, la main-d'œuvre indigène continue à s'accroître. L'industrie, le commerce et l'immigration nécessitent seulement 400.000 francs. Le Musée de Tervueren qui est inscrit pour 200.000 francs au Budget de 1912, contient des collections fort intéressantes Il est très bien muni notamment aux points de vue économique et social. Il publie des Annales

(1) Hormis celui remis à titre d'impôt, à dater du 1er juillet 1912.

contenant des travaux scientifiques fort bien documentés et des brochures d'ethnographie, d'histoire naturelle etc... que consultent avec faveur les personnes qui s'occupent de la mise en valeur du Congo. Il existe enfin une École coloniale qui demande un crédit de 250.000 francs environ.

Le budget des dépenses extraordinaires s'élève pour 1912 à plus de 16.800.000 francs et comprend quatre catégories de dépenses :

1° Les dépenses résultant du traité de cession du Congo à la Belgique.

2° Les dépenses occasionnées par les travaux de délimitation de la frontière.

3° Les dépenses destinées à accroître l'outillage économique de la colonie; elles se rapportent à des travaux de prospection minière, à la création de centres agricoles et d'élevage, à l'acquisition et la construction de steamers, à l'exécution de travaux hydrographiques, à l'établissement de réseaux téléphoniques urbains, au développement de l'industrie de la pêche, à la création de fonds d'immigration destinés à faciliter les progrès de l'industrie, de l'agriculture, du commerce, et des moyens de transport dans la colonie, notamment au Katanga.

4° Les dépenses qui sans être productives n'en ont pas moins pour résultat d'enrichir le patrimoine de la colonie, tant au Congo qu'en Belgique. Elles sont destinées, d'une part à la construction dans la colonie de maisons d'habitation et de bâtiments affectés aux divers services, ainsi qu'au logement des soldats et des travailleurs; et d'autre part à l'outillage du Musée de Tervueren et à l'installation d'un Palais colonial et d'un Panorama à l'Exposition de Gand.

Les recettes. — Les recettes prévues pour l'exercice 1912 sont de beaucoup inférieures aux dépenses, elles ne s'élèvent en effet qu'à 45.367.639 francs contre 31.439.537 francs, figurant dans le compte de 1906.

Elles peuvent presque toutes rentrer dans deux rubriques : d'un côté les impôts et les taxes et de l'autre les bénéfices réalisés par l'État en qualité de commerçant.

Parmi les impôts et les taxes nous pouvons laisser de côté celles qui résultent de la vente et de la location des terrains, les recettes cadastrales perçues à l'occasion de la délimitation des terrains, le prix des permis de port d'armes et des permis de chasse à l'éléphant, les taxes maritimes, les recettes judiciaires et les droits d'enregistrement et de chancellerie.

Le permis de récolte des produits végétaux doit permettre à la colonie de percevoir 120.000 francs. Ce chapitre ne peut manquer de suivre une progression rapide maintenant que la récolte des produits végétaux du domaine est abandonnée à l'initiative privée dans tout le territoire congolais.

Les impositions directes et personnelles qui n'ont

pas atteint 600.000 francs en 1906 se chiffrent en 1912 à 7.200.000 francs. Elles comportent principalement l'impôt indigène dans la proportion où il s'acquitte en argent. Au fur et à mesure que les trois zones fixées par le décret de 1910 étaient ouvertes au commerce privé, l'impôt devait y être perçu de cette façon, mais ce mode de prélèvement nécessitait la fondation de postes de perception, l'introduction du numéraire, des opérations de recensement, etc... Aussi le Gouvernement colonial s'est-il jusqu'à l'époque actuelle montré fort peu sévère dans la perception de l'impôt indigène, il s'est abstenu de poursuivre les retardataires et ceux-ci ont payé ce qu'ils ont voulu. L'époque de l'application régulière des textes relatifs à l'impôt en argent, n'est pas encore arrivée, mais chaque année on peut constater un progrès qui ne fera que s'accentuer.

Le taux de l'impôt principal varie de 5 à 12 francs; ce maximum paraît devoir être rarement appliqué au début. Toutefois ce chiffre n'a rien d'excessif pour certaines populations habitant une région riche en produits naturels qui attire et retient le commerce, et où par conséquent le numéraire existe déjà dans une mesure assez importante. L'Administration montre d'ailleurs un réel souci de proportionner ses exigences aux ressources et au degré de développement des habitants; les taxes sont fort modérées dans les territoires des sociétés propriétaires et concessionnaires et dans les régions où l'exploitation du domaine a pesé plus lourdement sur les noirs. On a consenti également à de larges mesures de dégrèvement, en faveur des populations atteintes de la maladie du sommeil. Ajoutons que là où l'indigène est en relations constantes avec l'Européen, notamment aux environs des grands centres, la perception ne soulève aucune difficulté. Cette constatation est d'un heureux augure pour l'avenir. Ainsi pendant l'année 1909, les districts de Banana, de Boma et de Matadi ont donné à eux seuls du fait de l'impôt indigène, une somme de 483.445 francs sur un produit total de 5.410.038 fr.

Actuellement il ne peut guère être question d'améliorer ce mode de perception qui, comme toute imposition directe appliquée en pays non civilisé appartient au groupe des capitations. L'État indépendant, puis l'État belge ont eu raison de n'en pas faire une capitation pure et simple, la même d'un bout à l'autre du territoire. Son taux différentiel prouve une méthode excellente et constitue l'embryon d'une future proportionnalité.

L'impôt sur le caoutchouc et sur les plantations est prévu pour 2.650.000 francs, déduction faite de la somme de 1.000.000, montant de la taxe de plantation d'essences à caoutchouc, dont le produit, destiné à couvrir les dépenses résultant des dites plantations, est rattaché au Budget des Recettes et des Dépenses pour ordre. L'impôt général sur le caoutchouc a remplacé depuis le décret du 22 mars 1910 la redevance domaniale et la taxe supplémentaire. Sous le régime antérieur les droits s'élevaient à 0 fr. 50 par kilo de caoutchouc d'arbres et de lianes récolté dans le Domaine et à 0 fr. 25 par kilog. de caoutchouc d'arbres et de lianes récolté hors du Domaine, ou de caoutchouc dit « des herbes ».

La nouvelle réglementation fixe à 0 fr. 75 l'impôt sur le caoutchouc d'arbres et de lianes, quelle que soit sa provenance et à 0 fr. 50 l'impôt sur le caoutchouc « des herbes ». Quand à la taxe de plantation d'essences laticifères, elle est de 0 fr. 40 par kilog. de caoutchouc d'arbres et de lianes et de 0 fr. 20 par kilog. de caoutchouc « des herbes » récolté dans le Domaine.

Les droits de douane qui ont donné 6.300.000 fr. en 1906 sont portés à 7.069.000 frs au projet de budget de 1912. Ces recettes étant en fonctions directes du développement du commerce, il y a lieu d'escompter un progès rapide durant les années qui vont suivre; les droits prélevés sur l'alcool portent sur de moindres entrées, mais il faut se féliciter de ce recul dû à l'application du décret du 13 novembre 1907, qui a porté les droits de 70 à 100 fr. l'hectolitre à 50° (1).

L'Etat du Congo étant entièrement situé dans la zone du commerce libre, dans laquelle d'après l'Acte de Berlin tous les pays ont accès sans que des condi-

(1) Conformément à la Convention Internationale du 3 novembre 1906 pour la revision du droit d'entrée sur les spiritueux en Afrique.

tions différentes puissent être appliquées à leurs produits, il est impossible à la Belgique d'accorder un traitement de faveur à son commerce avec la colonie.

Il en résulte que les droits d'entrée et de sortie perçus dans les bureaux de douane congolais, en caractère non pas protecteur mais fiscal, n'ont d'intérêt au point de vue de la mise en valeur du Congo que dans la mesure où ils permettent de subvenir aux dépenses de la colonie sans faire obstacle aux transactions commerciales.

Les droits de douane sont fixés d'un commun accord avec les pays limitrophes et sont perçus dans un certain nombre de bureaux que le Gouvernement accroît sans cesse afin de mieux réprimer la contrebande. Les taxes prélevées à l'entrée sont de 3 % de la valeur des navires, machines, appareils mécanique, outils, matériel de chemin de fer en exploitation et 10 % de la valeur des autres marchandises. (1). A la sortie les droits ne sont pas perçus *ad valorem*; ils ont le caractère spécifique et se mesurent par 100 kilog. L'ivoire paie suivant les cas, 100, 160 ou 210 fr., le caoutchouc 60 fr., le café 3 fr., etc...

L'État commerçant a au Congo de nombreuses sources de recettes. La vente et la location de terres domaniales et d'immeubles, lui rapportent maintenant

(1) Sont exempts : les voitures et le matériel de chemin de fer pendant sa construction, les graines, les instruments agricoles, les animaux vivants, etc...

335.000 fr. au lieu de 177.000 fr. en 1906. La vente de l'ivoire lui donne plus de 2.000.000, mais le chiffre tendra à diminuer par suite de l'abandon de la récolte à l'initiative privée (1), la colonie s'en tenant aux seuls prélèvements fixés par les lois et décrets en vigueur. A ce chiffre il y a lieu d'ajouter la réalisation prévue pour 1912 du stock d'ivoire qui se trouvait en magasin à Anvers le Ier janvier 1912 et dont on escompte un produit de 4.000.000.

Les mines donnent à peu près 3.500.000 fr.; il faut citer au premier rang les mines d'or de Kilo dont l'exploitation est en progrès rapide. Sont prévues pour 5.000.000 et 1.140.000 fr. respectivement le produit de la réalisation du stock de caoutchouc en magasin au Congo, en cours de transport ou en magasin à Anvers le 1er Janvier 1912 et le stock d'or en magasin, en cours de transport dans la colonie ou en mer à la même date.

La rubrique de beaucoup la plus importante dans les anciens comptes (Vente des produits du domaine et impôts en nature) est en constante diminution; elle décroit depuis le décret de 1910 alors qu'augmente l'impôt indigène perçu en argent. De près de 13.000.000 fr. en 1906, elle n'atteint même pas 3.000.000 dans les prévisions relatives à l'exercice 1912. Le Comité du Domaine national par l'intermé-

(1) Dans les mêmes conditions que pour les produits végétaux.

diaire duquel ce revenu était versé au Trésor, a disparu. Les recettes qui font l'objet de cet article ne sont pas à proprement parler les recettes des impôts payés en nature pendant l'exercice, mais bien le produit de la vente à Anvers du caoutchouc et du copal arrivés dans cette ville pendant l'année. Nous verrons dans les conclusions de cette étude les campagnes soulevées par la question de l'impôt en nature.

Considérations générales sur le budget de la colonie. — Voilà donc passées en revue les principales dépenses et les recettes figurant au Budget du Congo. Contrairement à ce qui se passe dans la plupart des colonies, les bénéfices réalisés par l'État en qualité de commerçant y jouent un rôle considérable. D'autre part on n'y voit apparaître aucune subvention de la métropole. De cette seconde constatation faut-il conclure que la situation budgétaire est brillante, que les recettes sont largement suffisantes pour couvrir les dépenses? Ce serait une grave erreur, et M. Tibbaut, rapporteur à la Chambre des Représentants du Projet de budget relatif à l'exercice de 1912, s'est livré à des observations très justes et fort intéressantes sur cette question.

Tout d'abord alors que le Budget des Voies et moyens s'élève à 45.367.639 fr. les Budgets des dépenses ordinaires et des dépenses extraordinaires atteignent un total de 66.538.970 fr. Il y a donc un déficit très élevé que l'on pourra combler au moyen de l'emprunt, mais qui n'en indique pas moins une situation défavorable qui ne pourrait se prolonger sans grand dommage pour la colonie.

D'autre part, les recettes portées au Budget de 1912, ont été considérablement forcées grâce à l'adjonction de trois rubriques qui n'auraient pas dû y figurer. En effet, parmi les recettes figure avec raison, l'ivoire, le caoutchouc et l'or récoltés en 1912, mais on a eu le tort d'y ajouter, l'or, le caoutchouc et l'ivoire récoltés avant 1912 et qui existaient en stock dans les magasins d'Anvers le Ier janvier 1912; on y ajoute même l'or en cours de transport à cette date. Si l'ensemble de ces recettes exceptionnelles n'avait pas été ajouté aux recettes courantes, le déficit se serait accru de 10.210.369 francs.

Ces ressources ne se présenteront pas pour les exercices subséquents, il faut donc en faire abstraction si l'on veut calculer les recettes sur lesquelles la colonie peut compter pour faire face aux dépenses de l'avenir.

La principale cause du déficit est heureusement transitoire, il s'agit de la diminution de rentrées provoquée par l'instauration de la nouvelle politique coloniale. Les produits domaniaux sont maintenant abandonnés à la récolte libre et l'impôt en argent qui doit les remplacer n'est pas encore arrivé à sa phase de pleine application. Quand les noirs seront habitués à la monnaie , et quand ils se livreront au commerce rémunérateur qui maintenant leur est possible, l'impôt indigène rapportera des sommes suffisamment élevées pour combler en grande partie le déficit actuel.

Une autre cause du défaut d'équilibre entre les recettes et les dépenses est l'accroissement trop rapide de ces dernières; il faut l'attribuer à la centralisation exagérée qui survit à la période militaire de prise de possession. L'État du Congo a dû se constituer par une occupation immédiate du territoire, d'où il en est résulté de très grandes dépenses de premier établissement. Les nations coloniales autres que la Belgique ont pu, la plupart du temps procéder de toute autre façon et avoir une politique d'installation moins coûteuse. « L'Angleterre, par exemple, comme le fait très justement observer M. Tibbaut, (1) a généralement pris pour point de départ de sa conquête coloniale l'action des agents commerciaux, ou bien elle leur laisse toute liberté leur attribuant les pouvoirs de l'autorité publique sous forme de charte; c'est le cas pour la British South Africa Cy; ou bien elle place une région dans la sphère d'influence britannique se confiant dans le prestige de sa force pour écarter les compétitions, et organisant. non une occupation immédiate, mais une prise de contact progressive. C'est le cas pour Kordofan dont l'accès reste interdit

(1) Rapport du Projet de Budget relatif à l'exercice 1912, pp. 8 et 9

aux étrangers jusqu'à l'achèvement du chemin de fer d'El Obéid ». Les exemples analogues sont nombreux, mais le roi Léopold II ne pouvait agir autrement qu'il le fit. Il fallait procéder rapidement, rassembler le plus possible de territoires sous sa domina tion et pour y parvenir le Gouvernement de l'État indépendant se vit obligé à passer par une phase de très forte centralisation et, en conséquence de fonctionnarisme à outrance; il était donc nécessaire de donner le pas, dans le budget, aux dépenses administratives sur les dépenses coloniales.

Maintenant la situation n'est plus la même, la période de préparation de la mise en valeur est terminée : on a des indications assez précises sur les richesses susceptibles d'être tirées de la colonie; les communications s'organisent avec rapidité, les relations entre blancs et noirs se font plus faciles et ceux-ci s'adonnent progressivement au travail et aux transactions commerciales. Un pas important peut être fait vers la décentralisation et la nouvelle organisation des chefferies permet d'entrevoir ce progrès. Il conviendrait aussi de substituer au budget général des budgets régionaux cadrant mieux avec les besoins et les ressources des diverses parties de la colonie. Les différences sont si grandes entre le Bas-Congo, depuis longtemps occupé par les Européens et le Haut-Congo à peine pénétré par eux, que l'on comprend difficilement leur union financière; quant au

Katanga, il se sépare tellement du Congo à tous points de vue, que l'on peut le considérer comme une colonie tout à fait différente.

Enfin le budget congolais pourrait être fortement amélioré si l'on y trouvait des comptes séparés des diverses régies. La notion des « budgets industriels » prend aujourd'hui une importance considérable en science financière; les États modernes qui exploitent des mines, des usines, des voies ferrées etc... l'appliquent ou se disposent à l'appliquer. Certes, cette donnée se substitue aux vieilles notions de l'unité et de l'annualité des budgets, mais à des situations nouvelles doivent correspondre des formes financières nouvelles. L'État industriel et commerçant doit agir comme le ferait un industriel avisé ou un bon commerçant. Or, le budget de la colonie ne fait pas apparaître ces comptes séparés. Ainsi pour 1912 l'exploitation des mines doit rapporter 3.420.000 francs et les crédits absorbés par le personnel, l'outillage, les transports de minerai, etc... s'élèvent à 1.613.062 francs. Il est impossible de contrôler la situation de chaque mine au point de vue financier, on ne possède aucun élément de dépense ou de dépréciation; on ne voit apparaître nulle part les sommes qui devraient être consacrées à l'amortissement, aucun renseignement utile pour l'exploitation d'autres mines non encore ouvertes n'est mis à notre disposition. La colonie organise des prospections sur l'Ituri, l'Aruwimi et l'Ouélé;

elle se propose de mettre en valeur de nouveaux gisements aurifères et de faire appel à trois mille ouvriers. Ne conviendrait-il pas de connaître auparavant le résultat financier précis des exploitations en cours.

La même observation s'applique aux plantations fiscales, aux entreprises de transport, aux postes, télégraphes et téléphones (1).

Les emprunts. — Les chiffres portés au budget de 1912 et dans les budgets précédents indiquent des dépenses supérieurse aux recettes. Bien souvent même, à elles seules les dépenses ordinaires font apparaître un déficit. De là vient la nécessité de recourir à la dette publique, sous forme, soit de dette inscrite soit de dette flottante. La première sert en principe à couvrir les dépenses consacrées à des institutions et à des exploitations lentes à amortir et d'une grande importance (mines, transports, etc.), elle a, ou plutôt elle doit avoir, un but purement économique et constituer un acompte sur des recettes futures; la seconde doit suffire aux besoins momentanés du budget, aux services de trésorerie.

La première dette régulière de l'État indépendant fut constituée par l'emprunt 4 1/2 % de 1887 au profit des Anciens membres du Comité d'études du

(1) Notons toutefois qu'en mai 1911 le Gouvernement belge s'est rendu à ces raisons, en ce qui concerne la mine d'or de Kilo; il a décidé en effet de tenir une comptabilité séparée des autres services de la colonie, afin de fixer, de façon absolument exacte, le prix de revient du kilogramme d'or.

Haut-Congo (1). Puis il y eut l'emprunt de 1888 d'un capital nominal de 150 millions sur lequel seulement 92 millions furent émis. D'autres emprunts suivirent au taux de 4 % qui furent entièrement émis; celui de 1896 au capital nominal de 1.500.000 francs, celui de 1898 de 12.500.000 francs et celui de 1901 de 50 millions; puis 30 millions de rente 3 % furent lancés en 1904.

Le décret du 3 juin 1906 décida une nouvelle émission de 150 millions au taux de 4 %; trois tranches de 10 millions ont déjà été émises (2), dans le but d'alimenter le fonds de construction prévu à l'art. 4 de la Convention du 5 novembre 1906, chargeant notamment la Compagnie du chemin de fer du Bas-Congo au Katanga de réaliser la participation financière de la colonie dans la Compagnie des chemins de fer du Katanga. L'emprunt de 1906 est d'ailleurs spécialement affecté à des entreprises de chemins de fer et autres voies de communication à établir dans les territoires de l'État.

La Belgique peut emprunter dans des conditions peu onéreuses malgré la baisse du cours des rentes dans les pays de premier ordre (3) pendant les dernières années. Son 3 % est à l'heure actuelle un peu supérieur à 86, ce qui donne un taux réel d'environ

(1) Environ 100.000 francs de titres restent en circulation.

(2) La dernière en vertu de l'arrêté royal du 19 mai 1911.

(3) Au point de vue du crédit.

3 1/2 %. Sauf des complications que rien pour le moment ne permet de prévoir, on peut donc affirmer que la colonie, profitant de l'excellente situation du crédit de la Belgique pourra continuer à émettre son 4 % au pair ou dans des conditions encore plus favorables.

Les Bons du Trésor (dette flottante) sont émis au fur et à mesure des besoins du Trésor ; leur taux est depuis deux ans tantôt 3,75, tantôt 3,25 % suivant les disponibilités des créanciers. Il est regrettable qu'à l'heure actuelle ils aient atteint le chiffre élevé de 30 millions et constituent une partie importante du passif de l'État. Comme on ne peut espérer d'ici longtemps leur diminution grâce à des excédents de recettes, il serait sage de les consolider, c'est-à-dire de les inscrire au Grand Livre.

Un troisième élément de la dette, très intéressant au point de vue de la mise en valeur, est formé par les fonds déposés à la Caisse d'Épargne. Alors que les États devraient s'ingénier à avoir le moins possible de dette proprement dite, les obligations de Caisse d'Épargne envers les déposants sont un indice de la prospérité économique de la nation. Au Congo le chiffre des dépôts s'élève actuellement à 3.500.000 francs ; leur progression n'a pas été rapide depuis 1908, date à laquelle ils atteignaient 3 millions ; cette lenteur est due au peu de diffusion du numéraire et au manque d'éducation économique des indigènes. L'introduction incessante de la monnaie métallique et les dispositions récentes qui ordonnent de régler désormais les salaires en argent, permettent de croire que le moment est venu de recommander l'épargne aux soldats et aux travailleurs indigènes. Il y a beaucoup à faire dans cette voie mais on se heurtera à des obstacles difficiles à surmonter, car le noir a le caractère très enclin à la dépense. Le Gouvernement n'ignore pas l'intérêt que présente cette question étroitement liée à celle de la monnaie (1).

La monnaie. — La monnaie de la colonie a pour étalon le métal-or et pour unité le franc divisé en 100 centimes. Elle comporte des pièces d'or, d'argent, de nickel et de cuivre. Le décret du 15 mars 1909 fixe les conditions de la frappe. Les régions où la monnaie a le plus de diffusion sont le Bas-Congo, le Katanga et les districts du Stanley-Pool, de l'Aruwimi et de l'Équateur. Le Comité spécial du Katanga, la Compagnie des chemins de fer du Congo supérieur aux Grands Lacs Africains et la Banque du Congo belge ont beaucoup aidé le Gouvernement dans sa tâche.

(1) Le tableau suivant donne le chiffre des crédits afférents à la dette pour l'exercice 1912 :

Intérêts des capitaux des Caisses d'Épargne	80.000 fr.
Intérêt et amortissement de la dette consolidée	4.992.885 —
Intérêts des Bons du Trésor, intérêts et commissions en banque	1.105.000 —
Divers	1.620.000 —
Total	7.797.885 fr.

au lieu de 6.530.681 fr. 52 en 1910.

Dès 1910, en effet, l'Administration a fait de grands efforts pour accentuer la diffusion de la monnaie dans les territoires où la perception de l'impôt en argent devenait obligatoire à partir du 1er juillet 1910; en outre, afin d'assurer l'exécution du décret du 2 mai 1910 aux échéances légales, elle a décidé que le numéraire serait immédiatement introduit dans les régions les plus aptes à subir la transformation, bien qu'elles fissent partie des territoires où l'impôt ne devait être obligatoirement perçu en argent qu'à partir des 1er juillet 1911 et 1912.

A partir du début de 1911 le Gouvernement a procédé au paiement en argent de toutes les dépenses d'ordre quelconque. Il espérait que ce moyen mettrait les indigènes en mesure de payer leurs impôts en argent avant que ce mode fût obligatoire, c'est-à-dire avant les deux dates précitées.

Le décret du 18 juillet 1911 approuvant la Convention conclue le 7 du même mois entre la Banque du Congo belge et la colonie a doté celle-ci d'une institution de crédit organisée de façon analogue à la Banque nationale de Belgique. Cette Convention autorise la Banque, sous certaines conditions, à émettre dans la colonie des billets au porteur payables à vue Ce privilège est accordé pour 25 années, mais il est susceptible d'être revisé au bout de 15 ans. Les billets sont admis en paiement dans les caisses publiques. D'ailleurs, le Gouvernement belge a envoyé au Congo de nombreux billets de la Banque Nationale de Belgique (2.000.000 de francs en 1911).

Pour nous résumer, le rôle joué par la monnaie, dans la mise en valeur d'un pays neuf est très considérable. L'absence de numéraire entrave les transactions, rend impossible l'existence d'un budget sérieux et constitue un obstacle à peu près insurmontable à la formation des fortunes, c'est-à-dire à l'un des éléments les plus importants du développement économique. La diffusion de la monnaie permettra à l'indigène de se constituer un petit pécule, d'effectuer des dépôts à la Caisse d'Épargne, de se livrer à des transactions commerciales autres que celles qui sont indispensables pour lui assurer une vie purement physique. Elle se fait et se fera par les soins de l'administration et des grandes sociétés intéressées au bien-être des noirs, fondement de la prospérité de la colonie. Lorsque les soldats et les ouvriers indigènes auront compris le rôle de cette institution économique leur exemple sera suivi assez rapidement par leurs compatriotes moins en contact avec les blancs.

Le commerce. — Nous avons passé en revue les richesses naturelles du Congo et nous avons étudié les efforts faits en vue de leur exploitation ; il est nécessaire de donner maintenant quelques indications statistiques et quelques appréciations sur le commerce extérieur, auquel donnent lieu la production et les besoins de la colonie. Ce genre de transaction est en effet l'indice le plus sérieux de la mise en valeur d'un pays.

Commerce extérieur. — Le tableau suivant donne le relevé du commerce général du Congo de 1906 à 1910.

1906	106.483.059 fr. 33
1908	89.138.107 67
1910	139.518.965 94

Le Commerce général comportant en plus des importations et des exportations, le transit, nous croyons plus intéressant d'insister seulement sur les statistiques afférentes au commerce spécial relatif aux entrées et aux sorties.

Voici les chiffres relatifs au commerce spécial, aux exportations et aux importations durant les trois années que nous prenons comme points de comparaison :

	C. S.	Exp.	Imp.
1906	79.755.419,78	58.277.830,70	21.477.589,08
1908	69.958.076,78	43.371.794,64	26.586.282,14
1910	103.390.497,04	66.588.862,29	36.801.634,75

L'excédent très élevé des exportations sur les importations, qui fait pressentir une situation économique florissante, se retrouve dans la plupart des pays neufs, de caractère surtout agricole.

Pour nous permettre d'apprécier l'activité commerciale de la colonie, nous allons décomposer par produits, les chiffres de son commerce; les statistiques ci-dessous portent sur les années 1906, 1908 et 1910.

EXPORTATIONS

	QUANTITÉS EN KILOG.			VALEURS EN FRANCS		
	1906	1908	1910	1906	1908	1910
Arachides	17.847	6.773	31	3.816	1.829	11
Café	74.916	41.292	7.938	74.916	46.453	12.304
Caoutchouc	4.848.931	4.559.926	3.416.784	48.489.310	30.779.500	51.015.649
Copal blanc	808.735	1.600.523	3.975.511	1.085.919	1.793.365	1.314.348
Huils de palme	1.934.628	2.104.186	1.711.681	1.196.777	1.220.428	1.797.584
Ivoire	178.217	228.757	236.822	4.456.175	5.936.244	6.066.476
Noix palmistes	4.805.570	5.627.613	6.140.741	1.468.671	1.744.560	2.657.164
Cacao	402.429	612.200	760.393	563.401	979.520	1.071.378
Or brut	27.672	215.287	756.037	851.483	703.988	2.614.922
Étain	45.862	2.985	»	21.448	9.477	»
Mineral de cuivre	7.912	79.701	153.049	11.186	123.537	90.178

Les importations de l'année 1910 qui ont dépassé 1.000.000 francs sont :

IMPORTATIONS

Les tissus	7.823.301 fr.
Les denrées alimentaires	6.193.694 —
Les machines	5.018.867 —
Les métaux	3.111.846 —
Les boissons	2.388.327 —
Les vêtements	2.073.479 —
Les armes	1.577.551 —
Les bateaux	1.255.093 —
La quincaillerie	1.076.187 —

La part de la Belgique dans le commerce spécial a été de 27.258.523 francs pour les importations en 1910. Après vient l'Angleterre (377.334 fr.), la France (1.246.535 fr.) et l'Allemagne (1.052.641 fr.). La Belgique jouit au Congo d'une excellente situation commerciale et les prospections minières récemment effectuées permettent d'envisager l'avenir avec une grande confiance.

L'examen des statistiques de sorties montre que le chiffre de 1910 est beaucoup plus élevé que ceux de 1906 et de 1908. Cette augmentation est due pour une bonne partie au caoutchouc et à l'or brut, mais en ce qui concerne la première de ces marchandises, la quantité, le poids a diminué; l'augmentation provient donc seulement de la hausse du prix, ce qui n'est pas un résultat fort brillant. D'une façon générale cependant il n'y a pas de stagnation des transactions avec l'extérieur. Le commerce spécial en 1899 ne s'élevait qu'à 58.394.000 francs, il a donc presque doublé en 11 ans; mais de 1900 à 1908 et même à 1909, il est resté presque stationnaire.

Deux causes principales pourront provoquer une hausse plus rapide des valeurs exportées ou importées: la baisse des frais de transport et la mise en exploitation des mines du Katanga récemment découvertes. Nous avons déjà traité la question des frais de transports; leur élévation arrête l'exportation vers l'Europe des produits du Haut-Congo; si l'on veut sérieusement mettre en valeur cette partie, de beaucoup la plus grande de la colonie, il faudra abaisser les tarifs, particulièrement ceux du chemin de fer de Matadi à Léopoldville. Cette question a aussi beaucoup d'importance pour les minerais de cuivre et d'étain du Katanga; nous

nous en sommes occupés dans notre étude du sous-sol.

Commerce intérieur. — En ce qui concerne le commerce dans les zones libérées en vertu du décret de 1910, nous ne possédons d'indications pour le moment que pour celles ouvertes le 1er juillet 1910, et qui comprennent les districts du Bas-Congo et du Moyen-Congo, du Kwango, du Kasaï, du Katanga, les territoires de la Ruzizi-Kivu, la majeure partie du district de l'Oubanghi, une partie du district de l'Équateur, les rives du fleuve jusqu'en amont de Stanleyville et une partie du district de l'Ouélé.

Dans le district du Bas-Congo, les produits du grand commerce sont le cacao, l'huile et les amandes de palme. Beaucoup d'huile a dû rester dans les magasins en 1910-1911, faute de fûts pour le transport.

Le commerce des produits d'importation est prospère, notamment dans la zone de Boma. La Compagnie belge maritime du Congo a dû à plusieurs reprises affréter des navires supplémentaires pour faire face au trafic. L'installation d'une banque à Matadi a contribué au développement des affaires. Il n'existe toutefois pas encore de marchés de produits d'exportation, les indigènes préférant vendre leurs marchandises dans les factoreries européennes.

Dans le district du Moyen-Congo, (le long de la ligne Matadi-Léopoldville) le commerce a fort progressé. Pendant le troisième trimestre de l'année 1910 qui a immédiatement suivi la mise en vigueur du décret de 1910, les particuliers ont demandé trois fois plus de transports de marchandises par vapeurs du Gouvernement. Les marchés indigènes se sont développés; six expéditeurs nègres vendent leur caoutchouc à des maisons d'exportation de Matadi, d'autres en vendent à Thysville et au Stanley-Pool. Une société du Haut-Congo compte établir à Madimba une grande factorerie pour noirs; ce marché reçoit déjà beaucoup de caoutchouc provenant de l'Afrique équatoriale française. Mentionnons que sur les douze maisons de commerce de quelque importance, établies à Léopoldville, une seule est belge.

Dans le district du Kwango, les commerçants pourront s'établir avec de sérieuses chances de réussite. Ils auraient la clientèle des agents du Gouvernement et des employés du Comptoir commercial congolais (C.C.C.) répartis le long de la rivière Kwango. Le caoutchouc d'herbes constitue la principale richesse de la région, une société vient de s'installer en vue d'extraire mécaniquement le caoutchouc des rhizones. Les indigènes acceptent l'argent, ce qui facilite beaucoup les transactions. Les salaires des porteurs de la Lonzo ont passé de 0 fr. 90 à 3 fr. 60 par homme pour un trajet de deux jours avec charge à l'aller et un jour sans charge au retour.

Dans le district du Kasaï se trouvent les factoreries

fort importantes de la Compagnie du Kasaï et les comptoirs d'une société belge, d'un négociant allemand et de commerçants portugais. L indigène connaît encore peu la monnaie. Les seuls produits d'exportation sont le caoutchouc et l'ivoire.

Dans le district du lac Léopold II une société a vu dans un trimestre quintupler ses achats contre numéraire. Dans le district de l'Équateur, la société anonyme belge pour le commerce du Haut-Congo installe constamment des factoreries; des négociants blancs se sont établis à Coquilhatville, Irebu, Ikenge, etc..., les produits d'exportation, sont le caoutchouc, le copal et l'ivoire. L'emploi du numéraire progresse rapidement.

Dans le district des Bangala beaucoup de natifs demandent à être payés moitié en numéraire moitié en marchandises. Dans le district de l'Oubanghi des maisons de commerce se sont installées à Banzyville et à Ekuta; le commerce prend une grande extension.

Dans les territoires de la Rizizi-Kivu un Arabe exporte de la région de Luvingi des peaux de gros bétail et de chèvres vers l'Afrique orientale allemande. Depuis Uvira jusqu'à Nya-Lukemba, il se fait d'ailleurs un grand commerce de chèvres et de bétail avec la colonie germanique. Peu de négociants blancs s'établissent; ils ne font que passer à destination des régions de Niembo, de Kumu et d'Albertville.

Dans la zone de Mainema le manque de concurrence a pour résultat le bas prix du travail indigène, les nègres se contentent de gagner l'argent nécessaire au paiement de l'impôt.

Dans l'Ouélé les transactions portent seulement sur l'ivoire; le trafic est exercé par des commerçants ambulants venus du Soudan ou de l'Ouganda. L'ivoire s'échange surtout contre des animaux vivants, des vêtements confectionnés et des articles divers de pacotille.

Dans le Katanga, en 1911 il existait 15 entreprises belges importantes ayant 36 établissements. Parmi ces entreprises sept ont un but directement commercial, une s'occupe d'opérations de banque, six de recherches minières et une d'exploitation de chemin de fer.

CINQUIÈME PARTIE

CONCLUSIONS

Nous avons examiné dans cette étude la situation économique de la colonie belge du Congo; nous avons passé en revue sa faune et sa flore, étudié sa richesse minière et ses industries, apprécié son régime fiscal et monétaire. Il ressort avec netteté de ce que nous avons dit, que l'ancien État indépendant constitue somme toute un pays richement doué par la nature, mais qu'il ne peut servir, du moins dans une grande partie de son territoire, de colonie de peuplement, mais seulement de colonie d'exploitation.

Il nous reste à apprécier l'œuvre entreprise tout d'abord par le roi Léopold II et après lui par la nation belge. L'œuvre du roi souverain a été vivement critiquée; aussi bien en advient-il souvent ainsi lorsqu'un homme a conçu et mené à bien, en opposition avec de multiples intérêts, un projet trop vaste pour être compris du vulgaire : nous essayerons de dégager la part de vérité ou d'erreur que renferment ces critiques.

Nous nous proposons d'examiner les objections opposées au régime léopoldien et parmi lesquelles certaines s'adressent encore aux règles de droit et à la situation effective de la colonie belge. Nous étudierons tour à tour les questions suivantes :

1° Sévices et cruautés dont ont été et sont encore victimes les indigènes.

2° Leur imposition excessive et leurs contributions en nature.

3° Leur défaut de possession de terres suffisantes pour leur permettre de vendre et d'acheter.

4° Impossibilité pour les commerçants d'acquérir des immeubles pour l'établissement de factoreries.

En ce qui concerne les sévices commis aux dépens des natifs indiquons tout d'abord qu'ils ont eut en général pour raison déterminante la question de l'impôt en travail. Mais ils proviennent aussi d'autres causes. On sait, en effet, que l'Européen implanté en Afrique et en général dans les pays tropicaux, est souvent l'objet de crises pathologiques qui le rendent extrêmement sanguinaire. D'autre part dans les postes isolés, le blanc est le maître absolu, et il arrive malheureusement trop souvent qu'il abuse de sa force. Le Congo belge n'a pas été exempt de ces déplorables violences, mais le tort de nombreux auteurs a été de les exagérer et de fonder des appréciations générales sur des faits isolés.

C'est surtout la *Congo Reform Association* et le parti

socialiste belge qui ont adressé ces critiques au régime léopoldien et aux premiers colons belges; ce faisant, ils ont d'ailleurs dépassé toute mesure.

Dès le 3 avril 1897, Sir Charles Dilke, membre des plus influents de l'*Aborigenes Protection Society* propose au Gouvernement anglais de prendre l'initiative d'une Conférence internationale, dans le but « d'adopter et de mettre à exécution de nouvelles mesures capables d'assurer aux indigènes de l'Afrique un traitement équitable ». La Chambre des Communes repousse le projet, sur avis conforme du Cabinet britannique.

Pendant quelques années la campagne de protection des indigènes congolais se poursuit dans les journaux. M. Herbert Samuel la porte à nouveau sur le terrain parlementaire, à la Chambre des Communes, le 20 mai 1903. Après avoir relaté les atrocités dont les aborigènes étaient victimes il conclut ainsi : « Le droit à la liberté et à un traitement équitable est commun à toute l'humanité, et ce droit devrait être tout particulièrement reconnu et respecté par un État fondé expressément et ouvertement dans le but d'éduquer la population nègre ». Après lui prirent la parole dans le même sens Sir J. Corst, M. Emmot qui qualifia « d'horrifiantes histoires » les informations reçues de l'État indépendant et Sir Charles Dilke qui rappela les accusations portées par l'explorateur Hinde et le missionnaire suédois Sjoblom.

Cette attitude des milieux parlementaires anglais provoqua en Belgique une violente campagne de Presse. Un journal d'opinions progressistes, l'*Étoile Belge*, déclara que les assertions produites à la tribune de la Chambre anglaise étaient absolument inexactes; il était faux que le service militaire fût trop dur pour la population indigène, la conscription militaire demandant à peine un homme sur 10.000, que de multiples actes de cruauté fussent attestés par des témoins, ceux-ci se bornant à quelques missionnaires qui, comme M. Morisson, voulaient faire de leurs missions autant de fiefs indépendants de l'État et s'exempter de la soumission aux lois.

A la suite de ces incidents MM. Vanderwelde, socialiste et Lorand progressiste-radical, demandèrent à interpeller le gouvernement belge sur divers faits répréhensibles au double point de vue du droit international et de l'humanité, parmi lesquels figuraient les sévices commis sur les indigènes du Congo. Le premier cita même la lettre suivante adressée aux chefs de poste de la zone Rubi-Ouélé par le Commandant Verstraeten, remplaçant le capitaine Meens :

« J'ai l'honneur de porter à votre connaissance qu'à partir du 1er janvier 1899, il faut arriver à fournir 4.000 kilogrammes de caoutchouc. A cet effet, je vous donne carte blanche, vous avez donc deux mois pour travailler vos populations. Employez d'abord la douceur; s'ils persistent à ne pas accepter les impositions de l'État, employer la force des armes ».

Le Ministre des Affaires étrangères M. de Favereau, se récuse d'ailleurs, l'État indépendant n'ayant au point de vue international, rien de commun avec la Belgique et la Chambre passa à l'ordre du jour (1).

Pendant ce temps le Gouvernement anglais ne restait pas inactif. Une note du 8 août 1903 adressée aux puissances signataires de l'Acte de Berlin, établissait que le roi Léopold II avait manqué à ses engagements, en particulier à l'égard du traitement des indigènes. La Turquie approuva la note sans aucune réserve. Les États-Unis et l'Italie s'affirmèrent sympathiques de façon assez peu compromettante, les autres nations ne voulurent pas prendre part.

A ceci le Gouvernement de l'État indépendant se contenta de répondre que les procédés administratifs employés au Congo n'entraînaient pas un régime systématique de cruauté et d'oppression.

Le Gouvernement anglais sur ces entrefaites avait chargé le Consul du Royaume-Uni à Boma, M. Robert Casement, de se rendre dans le Haut-Congo et d'y procéder à une enquête. Ce fonctionnaire visita de mai à septembre certains districts exploités par le domaine privé et par diverses sociétés concessionnaires, l'Abir entre autres, et son rapport fut

(1) *Annales Parlementaires*, Chambre des Représentants, Séances des 1er juillet 1903 et suiv., pp. 1714.

publié en décembre de la même année dans un livre bleu.

Ce mémoire est très documenté et rédigé par un personnage d'une honorabilité indiscutée. Peut-être seulement pourrait-on lui reprocher d'avoir, sinon exagéré, du moins généralisé les faits dont il a été témoin où sur lesquels il a obtenu des renseignements. Il est certain que dans l'œuvre congolaise M. Casement n'a vu que les mauvais côtés et a négligé les parties ombrées de façon systématique.

Ce rapport eut un effet double :

Explosion d'indignation en Belgique contre l'Angleterre et surexcitation de l'opinion publique anglaise contre la Belgique ; tout aussitôt le Gouverneur général de l'État indépendant fondait la « Ligue pour la défense des intérêts belges à l'étranger » et un groupe de philanthropes et de commerçants constituait à Liverpool la « Congo Reform Association », grâce à laquelle Sir Charles Dilke et M. E. D. Morel, se proposaient « d'obtenir pour les indigènes de l'État du Congo le traitement juste et humain qui leur fut garanti par les actes de Berlin et de Bruxelles ».

Nous n'insisterons pas sur la propagande suscitée ou organisée par cette union. Les meetings et les pétitions se chiffrent par centaines et se ramènent tous à cette constatation : les fonctionnaires de l'État indépendant et les employés des compagnies concessionnaires exercent des cruautés sur les indigènes ; il faut y mettre un terme, que la solution soit l'annexion à la Belgique, le partage entre les puissances ou l'établissement d'un contrôle international.

Des échanges de notes eurent lieu entre les Gouvernements belges et anglais, puis conformément à l'avis exprimé par le Marquis de Lansdowne, le roi Léopold II envoya au Congo une commission chargée de l'éclairer définitivement « par une enquête complète et impartiale » sur la situation des nègres congolais.

Composée de trois magistrats, M. Edmond Janssens avocat général près la Cour de cassation de Bruxelles, M. le Baron Nisco, président intérimaire du tribunal d'appel du Congo et M. de Schuhmacher, conseiller d'État et Chef du département de la Justice du canton de Lucerne, la commission débarqua à Boma, le 5 octobre 1904, et en fut de retour le 5 février 1905. Son rapport fut publié le 30 octobre suivant ; il dénonce sans réticences, les abus et les crimes du travail forcé, il énumère les procédés de contrainte auxquels on avait eu trop souvent recours : massacres d'indigènes, incendies de villages, détention comme otages d'habitants pris au hasard, application de la *chicotte* aux récalcitrants, etc. Le Rapport concluait en demandant que la délégation de l'impôt fut enlevée aux compagnies commerciales, que les procédés de contrainte fussent adoucis, que l'on se servit le plus possible des chefs indigènes pour le recouvrement de l'impôt, et que l'on permit au contribuable de s'affranchir du travail forcé par le paiement annuel ou semestriel d'une somme d'argent ou d'une quantité déterminée de produits.

Le 27 octobre parut un décret du roi souverain instituant une commission « chargée d'étudier les conclusions du rapport de la commission d'enquête, de formuler les propositions qu'elles nécessitent et de rechercher les moyens pratiques de les réaliser ». Le rapport remis quelques mois après ne fut jamais publié et les mesures prises en conformité n'eurent pas grande importance. Il fallut attendre l'avènement du roi Albert pour amener des réformes sérieuses en faveur des indigènes.

De 1905 à 1908 la « Congo Reform Association » continua sa virulente campagne. Le 29 janvier 1908, le roi Édouard VII dans son discours du trône s'exprima en les termes suivants : « Mon Gouvernement a pleine conscience de la grande inquiétude qui a été ressentie au sujet du traitement infligé à la population indigène du Congo. L'unique désir de mon Gouvernement est de voir le Gouvernement du Congo administrer l'État avec humanité et conformément à l'esprit de l'acte de Berlin. »

Le Cabinet Britannique parlemente avec la Belgique au sujet de l'annexion; certains députés anglais réclament même contre la Belgique l'emploi de moyens violents, en particulier l'occupation de Boma et le blocus de l'embouchure du Congo. M. Conan

Doyle écrit au *Times* une lettre dont voici le début : « Nous vivons en face du plus grand crime qui ait été commis dans l'histoire du monde ». Un membre du bureau international de la paix, M. Alexander, intervient vivement en faveur des indigènes opprimés, réduits à l'esclavage au mépris des lois de l'humanité et propose une motion votée à l'unanimité, sans même rencontrer l'opposition des délégués belges ; l'archevêque de Canterbury, primat d'Angleterre, déclare dans un meeting à Albert-Hall, que le roi Léopold en n'assurant pas un traitement équitable aux indigènes a gravement manqué à ses engagements ; mais bientôt un revirement se fera dans l'opinion ; sans reconnaître la grandeur de la tâche accomplie par l'ancien souverain absolu de l'État indépendant, on opine que le nouveau régime, la domination belge, manifeste actuellement d'excellentes tendances, un effort tout à fait sérieux et convaincu vers l'amélioration du sort des indigènes. Les journaux les plus hostiles au régime léopoldien se disent favorables aux réformes préconisées ou poursuivies par M. Renkin. M. Vanderwelde cite même (1) les extraits suivants d'un article du Rév. Harris, écrit en avril 1910, au sujet de la situation actuelle dans les territoires possédés par l'Abir. « Les informations que j'ai reçues me viennent de trois amis personnels, qui ont chacun une expérience de plus de dix années passées

(1) *La Belgique et le Congo*, Paris, 1911, pp. 260-261.

au Congo, et ils sont séparés l'un de l'autre par une distance de plus de 150 milles. Le premier, après avoir signalé une amélioration générale remarque dans son district que le taux de la natalité augmente rapidement, actuellement dans une mesure telle qu'il dépasse le taux de la mortalité. Malheureusement ce n'est là qu'une opinion basée sur une observation et non sur des statistiques; quoi qu'il en soit, cette opinion a une valeur considérable. Un autre de mes correspondants entre dans plus de détails : « Chacun semble dans une condition très prospère... Je n'ai jamais vu autant de vivres au Congo qu'à présent... le peuple vient en foule au marché le samedi, ployé sous ses charges et cela fait du bien au cœur de voir le contraste avec ce qui se passait naguère... Le peuple paraît heureux et content... Il y a des multitudes de petits enfants, abondance de nourriture, de bonnes routes partout entre les villages, partout le peuple est gras et florissant ».

« Or, je connais acre par acre les parties habitables de ce district et je les connaissais déjà quand le sang humain qui sert à acheter le caoutchouc en rougissait profondément les sentiers, je l'ai connu sans ressources et désolé, avec une population mourant à vue d'œil par milliers chaque année.

« Pour moi donc et pour tous ces loyaux partisans des réformes au Congo que compte le pays, c'est une cause de profonde reconnaissance que d'avoir pu arriver à un aussi grand résultat, car si tout ce qui s'est dépensé de temps, d'argent et d'énergie n'avait eu d'autre résultat que de transformer la situation de ce district, ces dépenses auraient reçu une abondante récompense.

« Bien plus il en ressort encore comme un puissant argument pour la continuation, et si possible une augmentation de la pression de l'opinion publique. Et cela est d'autant plus nécessaire si l'on considère le troisième rapport qui en fait émane du plus expérimenté de mes correspondants. Stationné aux avants-postes bien loin des routes suivies par les autres missionnaires il m'envoie une triste contrepartie en disant : « Les choses sont pires ici que tout ce que j'ai jamais vu ».

Certes l'article du Rév. Harris ne déborde pas d'enthousiasme; il laisse pressentir que des cruautés sont commises dans les districts écartés, mais il reconnaît qu'une amélioration appréciable s'est produite, qu'il y a enrichissement et repeuplement des tribus. On ne saurait prétendre que tout s'est toujours passé pour le mieux au Congo, ni même qu'à l'heure actuelle l'indigène n'ait aucune plainte à formuler contre le colon. Mais la colonisation se fait avec des hommes et non pas sur le papier; ces hommes sont faillibles, souvent déprimés ou exacerbés par la chaleur constante et insupportable, surtout pendant la saison des pluies. D'ailleurs le Congo n'est pas la seule colonie où des actes de violence se soient produits, et les reproches adressés par la presse britannique aux fonctionnaires de l'État indépendant peuvent facilement être retournés aux coloniaux anglais. Et puis que de fois ne se heurte-t-on pas à la mauvaise volonté et à la paresse insurmontable des indigènes, à leur propension à l'alcoolisme, à leurs coutumes anthropophagiques, à leur misonéisme barbare.

Quoi qu'il en soit, sans nier les abus commis et qui peuvent se commettre encore aujourd'hui, une constatation ne saurait être réfutée, c'est que depuis l'annexion les sévices diminuent dans une forte proportion et que les mesures récemment prises (réformes de 1910) ne peuvent que les restreindre encore. Nous allons d'ailleurs reprendre cette question sous une autre forme à propos des impositions excessives et des contributions en nature, et au défaut de possession par les indigènes de terres suffisantes leur permettant de vendre et d'acheter.

La question de l'impôt en nature qui a fait couler tant d'encre ne pouvait guère ne pas se poser. Un problème difficile était à résoudre : la mise en valeur de l'État indépendant. Deux solutions étaient possibles : d'une part, la colonisation à longue échéance; la colonisation rapide en vue de résultats prochains, de l'autre. Le roi Léopold choisit la seconde méthode; en lui-même le procédé est bon; directement, il devait donner au roi souverain des bénéfices considérables, nous ne le nions pas, mais indirectement la Belgique devait en bénéficier et, aujourd'hui toute la nation belge en convient. Certes, dans son application, ce système n'a pas toujours été heureux, mais le résultat que l'on a poursuivi et mené à bien est assez brillant pour que l'on puisse s'abstenir de mettre constamment en lumière les fautes commises par des administrateurs où des colons peu scrupuleux.

Occupons-nous de la question du travail forcé, du portage et de l'impôt en nature à laquelle nous avons fait diverses allusions dans le cours de cette étude. Pour les grands travaux de mise en valeur de la colonie, il ne fallait pas songer à l'emploi manuel d'Européens ; ceux-ci ne pouvaient, en raison du climat, participer à la construction des voies ferrées et à l'établissement des routes, s'adonner à la culture des plantes laticifères ou alimentaires, etc... Le climat leur interdisait une activité physique permanente et considérable. Le recours à des Chinois ou à des nègres des Antilles pour la construction du chemin de fer de Matadi à Stanley-Pool ne fut pas suivi de résultats heureux. Pour tous les travaux « de force » il convenait donc de faire appel aux indigènes, il fallait s'incliner devant la nécessité.

Or, le travail libre des noirs ne donnait aucun résultat tangible; leur caractère enfantin et leur inintelligence de toute vie commerciale et de toute existence laborieuse rendirent indispensable, quoi qu'on en ait dit, le recours à la contrainte; au régime de la liberté allait succéder le régime de l'autorité avec toutes ses conséquences bonnes et mauvaises.

A partir de 1891, divers décrets visant des cas particuliers, établissent en effet des redevances domaniales ou des prestations en nature obligatoires, et le décret du 5 décembre 1892 charge le Secrétaire d'État Van Ertvelde « de prendre toutes les mesures qu'il jugera utiles ou nécessaires pour assurer la mise en exploitation du domaine privé». On a qualifié ce règlement d'arbitraire; mais la politique coloniale, à ses débuts, ne souffre guère d'être enserrée dans des textes étroits paralysant toute initiative, soit des individus, soit surtout du pouvoir exécutif.

Cette mesure allait bientôt avoir pour effet une exploitation plus intensive des richesses du pays. Une circulaire de M. Van Ertvelde du 20 juin 1892, antérieure au décret que nous venons de mentionner, accorde aux agents occupés à l'exploitation des forêts de l'État des gratifications d'autant plus fortes que les prix de revient sont moindres. D'autres lettres et circulaires de 1893 et 1896 maintiennent ce système sous une autre forme. Tous ces textes incitent le fonctionnaire de l'État du Congo à obtenir le maximum d'effort et de rendement de l'indigène avec le minimum de frais; il en résulte pour celui-ci le travail forcé et certains agents en profitent même pour se livrer à des actes de cruauté que l'on ne saurait trop flétrir.

Le décret du 18 novembre 1903 modifie ce régime; il édicte que tout indigène adulte et valide est soumis à des prestations consistant en travaux à effectuer pour l'État, travaux qui devaient d'ailleurs être rémunérés d'après le taux réel des salaires locaux. Le maximum de temps par mois s'élève à 40 heures effectives. Ces corvées consistaient en portage, en pagayage, en coupes de bois, en fournitures de vivres, en obligation de récolter les produits du domaine, en travail dans les postes.

En ce qui concerne les fournitures de vivres, sous le régime de la liberté commerciale absolue les indigènes vendaient aux blancs les diverses denrées au double ou au triple de leur valeur. La nécessité d'une réaction contre cette manière d'agir devenait indiscutable. Il en résultat l'obligation pour les noirs de se soumettre à la « corvée de vivres » de fournir aux colons du gibier, du poisson, des animaux de basse-cour à des prix tarifés; ce système, au point de vue économique n'est pas très éloigné du régime de la taxation du pain par les municipalités, tel qu'il est pratiqué en France et dans d'autres pays; il n'a en soi rien de critiquable, mais dans l'application il était absolument défectueux, car, dans de nombreux cas les indigènes congolais étaient obligés de faire une centaine de kilomètres ou plus pour ravitailler les Européens et recevoir en échange la modique somme de 1 fr. 50.

La récolte des produits domaniaux, du caoutchouc par exemple, ne constituait pas une tâche trop ardue. Mais de nombreux administrateurs retenaient les nègres hors de leur village non pas 40 heures par mois, mais 15 jours et 3 semaines : le défaut de contrôle, très compréhensible dans un pays aussi vaste, leur permettait de commettre ces abus. De plus, l'indigène ne recevait souvent qu'ur salaire dérisoire, rarement en argent, en général en nature, sous forme de tabac, de sel, de savon, etc... surévalués.

D'autres colonies africaines connaissent encore le portage; il y a là une nécessité dans les pays dépourvus de voies naturelles ou artificielles de communication. Avant 1891 le portage était libre, mais alors chaque fois qu'un Européen formait une caravane dans un but d'exploration scientifique ou commerciale il se voyait abandonné de la plupart de ses porteurs librement engagés; vers 1890 une amélioration s'était produite, mais elle avait paru insuffisante pour permettre d'envisager avec confiance un avenir prochain. Malheureusement le portage forcé a été la source de multiples abus qu'il faut vivement déplorer.

La principale région de portage fut longtemps la contrée des chutes qui s'étend de Matadi et de Tumba au Stanley-Pool; mais le chemin de fer allait bientôt remplacer l'homme et faire disparaître la triste corvée. D'autres parties du Congo ont d'ailleurs connu le portage, mais au fur et à mesure que les communications se sont développées ce mal nécessaire regressé.

L'impôt en nature et le travail forcé étaient indispensables car il s'agissait d'un pays dépourvu de toute civilisation. Les erreurs et les crimes qui se sont produits dans l'application proviennent en partie de certains fonctionnaires, mais ils sont aussi le fait des agents des compagnies commerciales auxquelles était délégué le droit d'exiger la prestation. Aussi la Commission d'enquête dont nous avons déjà parlé (1) émettait le désir que la délégation de l'impôt fut retirée aux sociétés. La commission ne soulevait d'ailleurs aucune objection contre le principe de l'impôt en nature. « Toute production, est-il dit dans son rapport, n'est possible au Congo qu'avec le concours de la main-d'œuvre indigène ; le seul moyen légal d'obliger la population au travail est l'impôt. L'impôt en argent ne peut actuellement exister dans l'État indépendant que dans des limites très restreintes, car l'indigène ne possède guère que sa hutte, ses armes et les plantations et bêtes strictement nécessaires à son existence. Les populations ne peuvent donner au fisc qu'une certaine somme de travail ; il convient donc de la leur réclamer. »

(1) Voir pages 215 et 216.

Le 3 juin 1906 parurent des décrets contenant des dispositions suivantes conçues dans un excellent esprit de réforme : le taux de l'impôt indigène sera suivant les régions, la richesse et le développement de 6 fr. au moins et de 24 fr. au plus, et devra être payé en argent, en travail ou en produits. Le collecteur sera, soit un agent de l'État, soit un chef indigène; en échange de l'impôt, l'indigène aura droit à une rémunération payable en marchandises ou en bons à valoir sur les magasins de l'État payables à présentation; enfin les noirs seront astreints à une période de travail d'une durée maximun de cinq ans susceptible d'être effectuée en une ou plusieurs étapes et pendant lesquelles ils devront se consacrer à des travaux d'utilité publique.

La faculté d'acquitter l'impôt en argent était d'ailleurs purement théorique, sauf dans le Bas-Congo, étant donné le défaut de circulation de numéraire. Le travail forcé représentait donc la très grande majorité des cas. Néanmoins le décret de 1906 apportait un adoucissement indéniable au régime antérieur, sa pratique révéla cependant de nombreux abus. Par exemple dans beaucoup de cas la limite des 40 heures continua à être dépassée. Mais la possibilité de se libérer en argent faisait reculer de plus en plus chaque année le système des prestations de Banana à Léopoldville, car la monnaie ne cessait de se répandre le long du cours du Bas-fleuve. D'autre part, bien que le régime du travail forcé reste en vigueur, la contrainte se relâche progressivement et un contrôle mieux exercé permet de porter remède aux abus.

On a aussi vivement reproché à l'administration léopoldienne d'avoir privé les indigènes de leurs terres et de les avoir mis ainsi dans l'impossibilité de de se livrer à des opérations commerciales. Cette question a déjà été examinée au point de vue juridique, dans les quelques pages que nous avons consacrées au régime foncier (1). L'accaparement par l'État des terres soi-disant disponibles est surtout dû à la nécessité où s'est trouvé le roi souverain de rassembler des fonds pour lutter contre les traitants arabes. L'idée lui en fut suggérée par le capitaine Vankerkhoven et le commandant Coquilhat. L'exploitation en régie du caoutchouc, qui en 1890 valait 7 ou 8 fr. le kilogramme et de l'ivoire, qui à la même époque valait 20 fr. pour le même poids, devait fournir les ressources nécessaires.

Déjà le décret du 17 octobre 1889 sur l'exploitation du caoutchouc et des produits végétaux affirmait les droits de l'État sur ces marchandises « dans les terres où ces substances ne sont pas encore exploitées par les populations indigènes et font partie du domaine de l'État. » (2)

(1) Voir pages 123 et suivantes.

(2) Louwers, *Lois en vigueur dans l'État indépendant du Congo*, Bruxelles, 1910, p. 645, note.

Le 21 septembre 1891 le Roi signait un décret poursuivant cette politique et même l'amplifiant. « Les Commissaires des district de l'Aruwimi-Ouélé et de l'Oubanghi, les chefs d'expédition du Haut-Oubanghi, y est-il dit, prendront les mesures urgentes et nécessaires pour conserver à la disposition de l'État les fruits domaniaux, notamment l'ivoire et le caoutchouc. »

Ce décret ne parut jamais au *Bulletin Officiel de l État indépendant*, mais son exécution fut aussitôt poursuivie par les Commissaires de district. Il allait avoir de très graves conséquences. « L'État transformait la domanialité théorique de 1885 en domannialité effective. Il se déclarait propriétaire de tout le territoire du Congo à l'exception des terres appartenant à des particuliers ou bien occupées par des villages ou des cultures indigènes et, tirant de cette déclaration de propriété la seule conséquence pratique importante qu'elle put avoir alors, il proclamait son droit exclusif sur l'ivoire, le caoutchouc et autres fruits des terres domaniales. » (1)

Ce décret eut pour résultat, en dehors des critiques émises par les commerçants européens, la tenue d'incessants palabres et, comme contre-partie une sévère répression de la part des fonctionnaires de l'État. Il fut rapporté; un nouveau décret du 30 Octobre 1892, établit un régime transactionnel devant exister jusqu'au jour où la Belgique exercerait son droit

(1) Vanderwelde, *op. cit.*, p. 39.

de reprise : le territoire congolais était divisé en trois zones, soumises à des régimes économiques différents :

1° Le domaine privé *stricto sensu.*

2° La zone libre ouverte au commerce libre.

3° La partie réservée dans laquelle l'exploitation ne devait être réglementée que quand les circonstances le permettraient.

Depuis lors, on a appliqué à cette région et à une portion de la zone libre le régime du domaine privé. D'autres régions furent concédées à des compagnies dans des conditions tout à fait désastreuses pour les indigènes. Ceux-ci étaient soumis au travail forcé, à l'impôt forcé, et se trouvaient en bute aux sévices de fonctionnaires et d'employés blancs désireux d'obtenir un avancement rapide grâce au zèle brutal qu'ils déployaient dans leurs fonctions.

Dans les territoires concédés aux compagnies la position des noirs n'était d'ailleurs pas plus avantageuse. L'État autorisait en effet ces sociétés à exiger des indigènes le travail du caoutchouc, ainsi que d'autres prestations, et à exercer la contrainte pour les obtenir. On peut à cet égard consulter le décret du 18 novembre 1902, qui régularise la situation de fait existant auparavant. Les sociétés privées eurent encore moins de ménagements que l'État dans les domaines qu'elles exploitaient. Il en résultait, là encore plus qu'ailleurs, l'impossibilité pour l'autochtone de se livrer aux opérations d'achat et de vente; en réalité il était soumis à un esclavage tout aussi odieux que celui jadis imposé par les traitants arabes.

Divers décrets de 1906 tentèrent d'améliorer la situation; l'un d'eux du 3 juin semble même inaugurer une nouvelle politique, plus favorable aux indigènes. On peut en résumer les dispositions de la façon suivante :

Les terres occupées par les indigènes sont celles qu'ils habitent, cultivent ou exploitent conformément à leurs coutumes et usages locaux. La nature et l'étendue de leurs droits d'occupation seront constatés et déterminés officiellement. En vue de les encourager à de nouvelles cultures, le Gouverneur général ou les Commissaires de district pourront attribuer à chaque village une étendue de terres triple de celle qu'il occupe et cultive; le Roi pourra même autoriser à dépasser cette limite. Les indigènes seront autorisés à pêcher et à chasser dans les forêts domaniales; pour développer leurs cultures on mettra à leur disposition à titre gratuit, des semences, des plants, etc. Toutefois ils ne pourront disposer des terres qui leur sont ainsi concédées sans l'assentiment du Gouverneur général.

L'idée était bonne, l'application fut mauvaise. On s'en tint au régime antérieur à peine modifié. L'indigène continua à végéter; on n'essaya pas de développer en lui l'intérêt personnel, la poursuite du gain. La possibilité de se livrer à des transactions dont il fut à même de tirer quelque bénéfice aurait pu avoir pour résultat de faire naître en lui la notion de l'épargne qualité dont il manque encore totalement. Il eut été difficile, certes, mais combien intéressant de chercher à développer cet esprit chez l'indigène. Mais le régime instauré par le Gouvernement de l'État indépendant était basé sur la méconnaissance, non seulement des droits, mais encore des sentiments des noirs et bien qu'il ait été très efficace au point de vue de la mise en valeur du Congo, il a appelé une réaction nécessaire qui s'est incorporée dans les décrets de 1910.

Nous avons déjà parlé de ces règlements (1). Nous savons que grâce à eux le régime de liberté s'est substitué au régime d'autorité à partir du 1er juillet 1910, 1911 et 1912 dans les différentes régions qui composent la grande colonie belge. Le numéraire va faire peu à peu la conquête du pays et de ses habitants. L'esprit d'économie pourra naître et contribuer par son développement à la prospérité toujours croissante de l'ancien État indépendant.

Non seulement les indigènes, mais encore les blancs se sont plaints amèrement du régime commercial établi au Congo. Les partisans de la liberté commerciale ont vivement critiqué le décret de 1891 qui fermait le territoire de la colonie aux agents commerciaux de toutes les nations.

(1) Voir page 35.

M. Ed. Morel (1) a publié diverses lettres adressées du Congo aux directeurs de sociétés hollandaises et belges, aux termes desquelles le commerce du caoutchouc allait devenir « chose d'État » interdite aux particuliers.

Certes le Roi n'avait pas manqué de consulter plusieurs jurisconsultes. « Ils répondirent à des questions captieusement formulées, dit M. Vanderwelde (2), et en se plaçant à un point de vue exclusivement juridique, que l'État avait le droit d'incorporer à son domaine les terres vacantes, et qu'en exploitant ce domaine il ne faisait pas acte de commerçant mais de propriétaire ».

Au point de vue juridique il n'y a rien à objecter à cette consultation. Mais on remarquera que des juristes habiles à trancher les questions de droit civil et de droit international privé les plus ardues, ne sont pas toujours aptes à résoudre les problèmes d'économie coloniale qui se posent dans un plan tout à fait différent. Quoi qu'il en soit, l'État indépendant, avant 1891, encourageait les efforts des commerçants, provoquait la formation de compagnies commerciales qui, aidées par l'Administration créaient des factoreries dans les endroits favorables et laissaient les indigènes trafiquer librement avec elles de tous les produits naturels. A partir de 1891 les négociants blancs vont, tout comme

(1) *King Leopold's Rule in Africa*, pp. 38,39.
(2) *Op. cit.*, p. 37.

les récoltants indigènes, être opprimés par l'État indépendant, au nom de la théorie du domaine.

Certes on ne peut pas accepter à la lettre les revendication anglaises et belges contre la politique du monopole et de la restriction. Il fallait mettre le Congo en valeur, il fallait assurer à la Belgique une colonie de premier ordre; une question financière très âpre, très difficile à résoudre au moyen de procédés normaux se posait à cette époque; la solution fut brutale, autoritaire, mais si elle n'était pas intervenue c'en était fait à jamais de l'œuvre du roi souverain. Léopold II avait besoin de ressources considérables pour réaliser ses vastes desseins; le système de la régie les lui a procurées. Si les contemporains l'ont jugé de façon quelque peu hostile, la postérité en face de la grande œuvre accomplie, laissant dans l'ombre les parties défectueuses, ne voudra retenir que l'ensemble, rendant ainsi justice au Roi et à la pléiade d'hommes remarquables qui ont su doter leur patrie d'un immense empire colonial auquel le plus brillant avenir semble réservé.

Lors du décret de 1891, les sociétés commerciales lésées dans leurs intérêts émirent de violentes récriminations. Dans une assemblée générale tenue par les actionnaires du Haut-Congo, le président M. Brugman s'écria (1) : « Défendre aux indigènes de vendre de l'ivoire et du caoutchouc provenant des forêts et des savanes de leurs tribus et qui font partie de leur sol·

(1) Cf. Brunet, *op. cit.*, p. 232, 233.

naturel héréditaire, est une véritable violation du droit naturel. Défendre aux commerçants européens d'échanger avec les indigènes cet ivoire et ce caoutchouc, les obliger à acheter des concessions pour commercer avec les natifs, est contraire à l'esprit et au texte de l'Acte de Berlin qui a proclamé la liberté illimitée pour chacun de commercer et interdit la création de tout monopole. »

Comme sanction l'ordre du jour suivant fut voté : « L'Assemblée générale des actionnaires proteste énergiquement contre les atteintes portées par l'État indépendant du Congo à la liberté commerciale et aux stipulations de l'acte général de Berlin ».

En somme les décrets de 1891 et 1892 réduisaient dans des proportions considérables la partie du territoire où les Européens et les noirs pouvaient commercer en toute liberté. Il résulte de l'exposé des motifs du décret du 3 juin 1906 qu'à cette époque le domaine national représentait à peu près les deux sixièmes du territoire, qu'un autre sixième revenait à l'État en raison des actions qu'il possédait dans les sociétés concessionnaires, que le domaine de la couronne couvrait un autre sixième et qu'un nouveau sixième revenait aux actionnaires des sociétés privilégiées; il restait donc à peine un sixième pour l'initiative libre et l'effort individuel.

Sur la théorie du domaine de l'État est venue se greffer la faculté pour lui d'accorder des concessions;

si en effet l'État est propriétaire des terres vacantes — ou plutôt à possessions collectives — il a le droit d'en disposer comme il l'entend, c'est-à-dire de les vendre ou de les conserver; s'il veut les garder sans pouvoir les exploiter en régie il a la faculté de transmettre l'exercice de son droit à un concessionnaire. Le roi Léopold a eu recours à ce procédé dans des cas fort nombreux et des sociétés concessionnaires reçurent de l'État le droit exclusif d'exploiter à leur profit certains produits végétaux, animaux, minéraux, sur des parties considérables du domaine privé. En échange de ce droit, l'État s'attribua une grande partie des actions de ces compagnies et se fit représenter dans leurs conseils d'administration. Il n'en est pas moins vrai que là encore le commerce libre était exclu; les produits les plus importants étaient monopolisés par ces groupements presque officiels. Donc, au point de vue des indigènes (travaux forcés déguisés sous l'euphémisme d'impôt en nature, et impossibilité de trafiquer par suite du monopole des terres assumé par l'État lui-même ou conformément par sa délégation). Comme au point de vue des blancs (interdiction du commerce libre), les stipulations de l'acte de Berlin étaient violées, sinon dans leur lettre du moins dans leur esprit. Et pourtant les critiques officielles furent le fait de la seule Grande-Bretagne; la France, l'Allemagne et le Portugal n'élevèrent aucune objection au nom de leurs commerçants contre la politique suivie par l'État indépendant. A cette abstention étonnante en ces temps de curée coloniale il ne faut chercher d'autre raison que dans les résultats alors médiocres du commerce congolais, dans le peu d'importance des bénéfices réalisés avant le régime instauré par les décrets de 1891 et de 1892. Les plus hautes autorités au point de vue de l'économie coloniale, s'accordaient à nier tout avenir à l'État indépendant, et dans la première édition de leurs Précis de Géographie économique, daté de 1897, MM. Marcel Dubois et Kergonard (1) pouvaient dire : « l'ensemble de ces conditions naturelles n'est pas favorable au développement économique des colonies du Congo. C'est d'ailleur la cueillette et la chasse qui en font aujourd'hui les principales ressources. Mais ces richesses elles-mêmes s'épuiseront d'autant plus vite que les Européens les convoiteront avec plus d'âpreté ». Aujourd'hui cette colonie se trouve dans des conditions différentes. A côté de la cueillette existe la culture méthodique et l'élevage paraît également devoir donner des résultats appréciables. Le nouveau régime de liberté commerciale — succédant depuis 1910-1912 à la phase nécessaire de la régie et de la concession — ne pourra que développer ces deux facteurs fondamentaux de la mise en valeur de la colonie.

Les blancs d'ailleurs ne pouvaient guère se livrer plus facilement au commerce dans les régions dites

(1) Page 674.

libres. Le Bassin du Kasaï faisait partie d'après le décret du 30 octobre 1892 de la zone dont l'exploitation était abandonnée aux particuliers. Une quinzaine de sociétés seulement furent autorisées à acquérir des terres, à créer des factoreries et à acheter du caoutchouc aux indigènes de cette région. Cette faible concurrence ayant donné des résultats modestes, l'État et les sociétés se mirent d'accord en 1901 pour soumettre la région du Kasaï à un régime nouveau; le monopole de tout commerce d'importation et d'exportation fut abandonné à la Compagnie du Kasaï pour 30 ans; l'État se réservait d'ailleurs la nomination d'une partie des administrateurs et prenait la moitié des parts sociales.

Il y avait là un monopole de fait, mais à plusieurs reprises la Compagnie a soutenu contre le roi souverain que celui-ci avait accordé un monopole de droit, le roi Léopold II ayant autorisé des commerçants à acheter de l'ivoire dans le district du Kasaï et des colporteurs à y offrir leur marchandise.

La société du Kasaï n'était pas d'ailleurs la seule à exercer un monopole dans les régions ouvertes au commerce libre, elle trouva des imitateurs parmi lesquels on peut mentionner la Société anonyme belge du Haut-Congo.

En somme, que le domaine fut exploité en régie ou concédé, que les compagnies fussent pourvues d'un monopole ou eussent à opérer sur territoire libre le résultat était le même : prohibition de droit ou de fait du commerce libre. Ce système avait pu d'abord être indispensable, puis excusable, il devait finir par s'effriter et disparaître.

Le décret de 1910 a porté un premier coup au système du monopole en abandonnant le procédé de la régie (1), mais ce texte n'instaurait la liberté du commerce que dans la partie auparavant exploitée en régie par l'État. Des conventions allaient suivre avec les Compagnies concessionnaires et compléter la réforme libérale.

Le 23 mai 1911 le Gouvernement belge a en effet conclu des conventions avec la société l'Abir et la société Anversoise du Commerce au Congo dont les concessions s'étendaient sur 15 millions d'hectares environ. Les décrets du 28 juillet 1911 ont consacré ces deux contrats.

En échange de l'abandon consenti par elles, les deux compagnies sont rentrées en possession des actions détenues par l'État avec obligation de les annuler. Elles acquièrent en outre la pleine propriété d'un bloc de 2.000 hectares autour de leurs factoreries à charge de le mettre en valeur dans un délai de 30 ans. La superficie totale de ces terrains ne peut dépasser 50.000 hectares pour l'Abir et 60.000 pour l'Anversoise. Les territoires antérieurement concédés à ces

(1) Voir pages 35 et suivantes.

deux sociétés doivent être ouverts à l'exploitation libre sur la base du décret de 1910 à partir du 5 février 1913.

Des conventions analogues ont été passées avec d'autres sociétés, de sorte que les Compagnies à concessions et à Monopole ne sont plus maintenant que des Compagnies à concession. Ici encore le principe de la liberté du commerce sera respecté.

En ce qui concerne les compagnies concessionnaires qui avaient acquis un monopole de fait dans la région à laquelle elles consacraient leur activité, le décret de 1910 aurait dû suffire. Mais la société du Kasaï a refusé de s'incliner devant ce nouveau règlement, qu'elle prétend contraire à la Convention de 1901 entre elle et l'État indépendant : elle revendique le droit exclusif de récolte. Des négociations sont actuellement en cours entre cette Compagnie et l'État belge.

Les reproches adressés à l'œuvre coloniale du Congo ne se bornent pas aux questions que nous venons d'examiner successivement ; mais toutes ces critiques peuvent se ramener à celles que l'on adresse de façon générale, d'une part au colonisme et d'autre part à la régie et aux monopoles.

Le Gouvernement de l'État indépendant a su mener à bien, quoi qu'on en dise, la partie la plus ardue du vaste programme colonial qui aura pour effet d'ouvrir le bassin central à la civilisation européenne en faisant de cette contrée une des plus riches colonies du monde.

Les résultats obtenus pendant la première étape comprise entre la période d'exploration et la reprise par la Belgique sont considérables : Suppression de la traite, extinction des guerres intestines et en partie du cannibalisme de l'anthropophagie et des sacrifices humains; les populations sont, dans une grande partie du territoire indemne du fléau de l'alcoolisme; le trafic des armes à feu est enrayé; la vaccination a arrêté la petite vérole, les voies de communication s'étendent de jour en jour; et les richesses minières prennent un développement croissant; la colonie a été explorée du nord au sud et de l'est à l'ouest et les colons se sont établis un peu partout; la situation financière mauvaise au début, s'est considérablement améliorée sans toutefois être entrée dans une phase brillante; la politique économique peut donc varier, s'adapter à ces nouvelles conditions; le Gouvernement belge n'a pas manqué de s'en apercevoir comme le démontrent les décrets de 1910 qui substituent la liberté à la contrainte.

Le Gouvernement belge paraît actuellement bien décidé à persévérer dans la voie qu'il s'est tracée. Il donne un grand effort à tous points de vue; il essaye d'acclimater les animaux et les végétaux de l'étranger et de perfectionner ceux du pays; il aide pécuniairement et moralement les recherches minières, surtout dans le Katanga; il s'occupe avec beaucoup d'activité de l'établissement de nouvelles voies de communications de toute nature, il édicte des mesures d'hygiène qui, dans un délai que nous espérons assez bref, auront d'excellents résultats sur la santé des colons, des indigènes et des animaux domestiques ; il vulgarise le plus possible la monnaie et à ses essais tendant à l'éducation économique des indigènes se joint un effort parallèle d'instruction élémentaire; il veut enfin faire succéder à la période de l'exploitation des natifs, l'ère de collaboration entre blancs et noirs; l'organisation des chefferies indigènes, révèle tout particulièrement une excellente politique coloniale (1).

De l'avis des personnes compétentes en économie coloniale, qui ont visité le Congo et s'intéressent à son développement, il conviendrait de mettre en action une série de réformes d'ordre général parmi lesquelles nous citerons en première ligne :

a) Formation et recrutement en Belgique d'un corps de fonctionnaires coloniaux de carrière auquel serait confiée l'Administration de la colonie.

b) Avant de prendre possession de leur emploi, ces fonctionnaires seraient tenus d'accomplir un stage dans les colonies avoisinantes et tout particulièrement dans les établissements anglais.

c) Formation et recrutement au Congo d'un corps d'employés et d'agents subalternes indigènes.

d) Attribution de certains pouvoirs judiciaires aux

(1) En un an plus de 2.000 chefferies indigènes ont été organisées et reconnues (Juillet 1910 et Juin 1911).

fonctionnaires de l'ordre administratif dans le but d'augmenter leur prestige vis-à-vis des noirs, habitués à la confusion des pouvoirs, et afin de rapprocher la sanction de la peine.

e) Renforcement dans la mesure du possible de l'autorité des chefs noirs, développement du droit coutumier des indigènes et étude de plus en plus complète de leurs mœurs.

f) Adoption d'une loi réglementant le contrat de louage et instituant une procédure rapide qui permette de trancher sans retard tout différend.

g) Revision des textes relatifs à la chasse, au commerce de l'ivoire et à la récolte du caoutchouc; l'exploitation trop intensive des arbres et des lianes à caoutchouc, aura en effet, dans l'avenir des conséquences funestes pour le développement de la colonie.

h) Domestication d'animaux, tels que le buffle qui pourraient rendre d'inestimables services et résister à la tsé-tsé.

i) Adoption des mesures prophylactiques prises dans l'Oughanda contre la maladie du sommeil.

Nul doute que la nation belge qui par son œuvre coloniale de début a su montrer de si réelles qualités ne persévère dans cette voie et n'entame résolument, après la première période d'organisation, le chapitre des réalisations et des réformes susceptibles de donner à la colonie son plein développement.

Le plus bel avenir économique paraît réservé au

Congo belge; les richesses minières du Katanga joueront d'ici peu un grand rôle économique; le fer et le cuivre seront des articles d'exportation susceptibles de modifier l'industrie mondiale; d'autre part l'abaissement des frais de transport rapprochera le Haut-Congo de l'Europe, contribuera à sa mise en culture rationnelle et aura pour les colons et les indigènes des résultats bienfaisants.

Méprisé il y a 20 ans, le Congo est maintenant convoité.

C'est d'ailleurs le danger qui menace cette colonie : l'avenir économique du Congo est superbe, aussi son avenir politique est-il tout à fait incertain. Nous l'avons vu au début de cette étude, la France a un droit de préférence dans le cas où la Belgique se dessaisirait du Congo, elle est d'ailleurs limitrophe de la colonie belge au Gabon, le Moyen-Congo et l'Oubanghi-Chari. Deux autres pays cherchent également à étendre leur domaine africain déjà considérable : le Royaume-Uni et l'Allemagne.

L'occupation du Congo belge permettrait en effet, à l'Angleterre de construire son transafricain (Cap-Caire) en entier sur territoire anglais, le Congo belge séparant la Rhodésie du Soudan égyptien (Bahr el Ghazal).

L'Allemagne de son côté aspire à une communication ininterrompue entre ses possessions de l'Est et de l'Ouest africain. Depuis novembre 1911 elle a obtenu, avec un agrandissement appréciable de son domaine colonial, une amorce de liaison entre le Cameroun et sa colonie de l'Afrique orientale. L'article 16 de l'accord congolais établit d'autre part que dans le cas où le droit de préemption de la France sur le Congo aurait à s'exercer, l'Allemagne serait appelée à prendre part aux pourparlers.

« Dès qu'il a été question de compensation a dit M. de Kiderlen-Waechter, nous avons songé au Congo ; le Gouvernement français voulait tout d'abord se borner à une rectification de la frontière du Cameroun, mais nous tenions à arriver jusqu'au Congo afin de pouvoir à l'avenir dire aussi notre mot pour toute rectification territoriale du centre de l'Afrique. » (1)

L'Allemagne en effet nourrit de vastes projets à la foi politiques et financiers ; elle aspire comme nous l'avons dit antérieurement, à la construction d'une voie dénommée transéquatorial unissant l'Océan Atlantique à l'Océan Indien ; déjà la ligne Matadi-Léopoldville est prolongée par la navigation fluviale sur le Congo et son affluent le Sankuru jusqu'à Lusambo et Mutombo à 700 km. du Tanganyka. Nous avons vu que la société du chemin de fer du Congo supérieur aux grands lacs africains va entreprendre la construction d'une voie ferrée allant de Mutombo jusqu'à Albertville sur le Tanganyka, ayant son point terminus vis-à-vis du chemin de fer de l'est africain allemand ; dans cette région

(1) Rapport de M. de Kiderlen-Waechter devant la Commission du budget au Reichstag — 20 novembre 1911.

en effet, une ligne partant de Darel-Salam est rapidement poussée vers le grand lac. L'an prochain elle atteindra Tabora, à 900 km. de la côte du Pacifique, pour aboutir ensuite sur le lac, à Oudjidji en face d'Albertville.

D'autre part au Cameroun une voie ferrée part de Donali et prend une direction qui paraît indiquer le projet de relier cette ligne avec celle de l'est africain.

Voulant réunir aux avantages financiers les intérêts politiques, l'Allemagne aspire sans doute à ce que le transéquatorial soit exclusivement germanique.

La possibilité de construire ces voies ferrés à fin surtout politiques, la richesse du Congo au double point de vue du sol et du sous-sol, le désir que nourrisent ses puissants voisins d'établir un lieu de continuité entre leurs possessions respectives constitue pour l'intégrité de la colonie un danger à échéance lointaine, sans doute, mais que l'on ne saurait négliger.

Quoi qu'il en soit le Congo belge apparaît à l'heure actuelle comme le pivot de la domination économique du continent africain.

TABLE DES MATIÈRES

BIBLIOGRAPHIE

Pithiviers. — Imprimerie Domangé et Cie. — N° 5063.

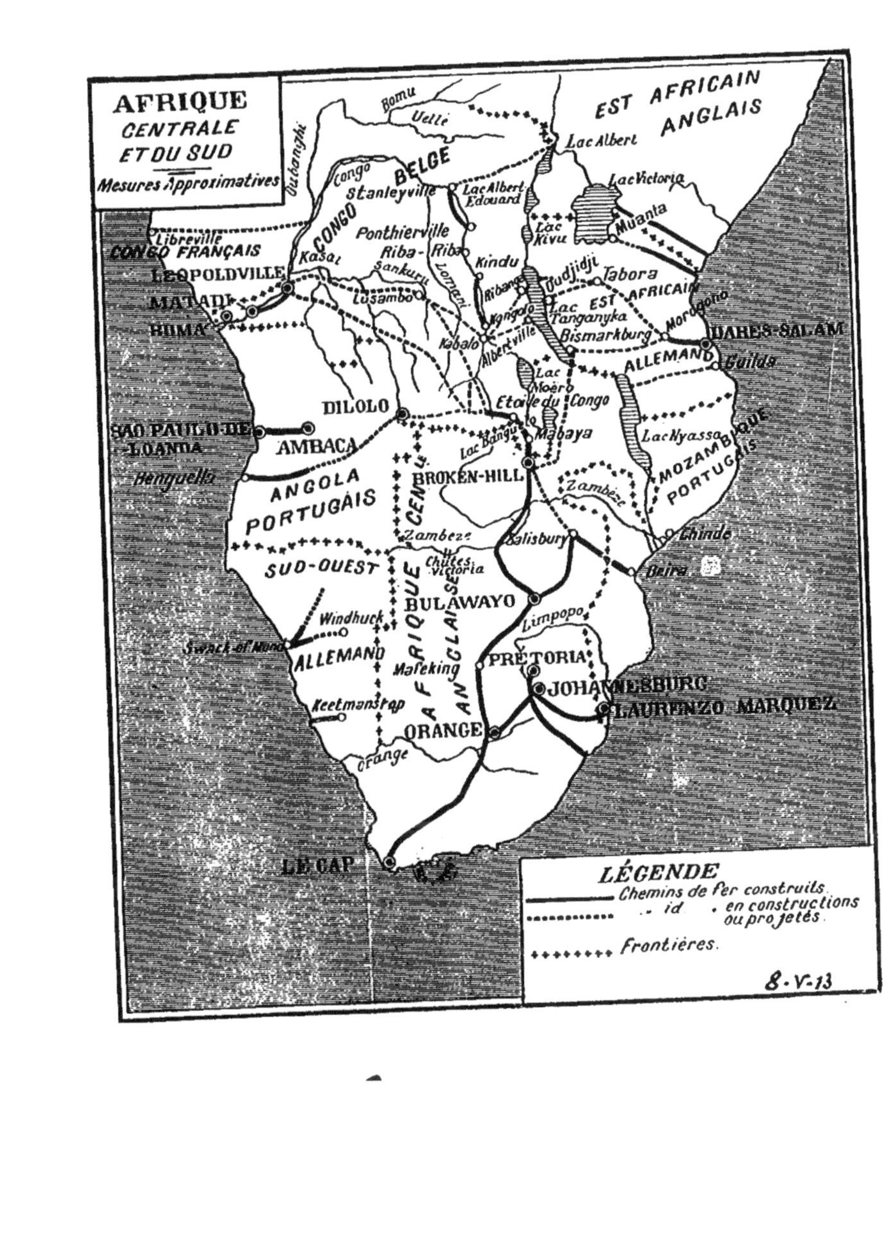

AFRIQUE
CENTRALE
ET DU SUD
Mesures Approximatives
EST AFRICAIN ANGLAIS
CONGO BELGE
CONGO FRANÇAIS
Lac Albert
Lac Victoria
Lac Albert-Edouard
Stanleyville
Libreville
Ponthierville
Lac Kivu
Muanta
Kindu
Tabora
LEOPOLDVILLE
MATADI
BOMA
Kasai
Lusambo
Lac Tanganyka
EST AFRICAIN
Bismarkburg
ALLEMAND
DARES-SALAM
Morogoro
Kabalo
Albertville
Lac Moëro
Congo
DILOLO
SAO PAULO-DE-LOANDA
AMBACA
Benguella
Lac Nyassa
MOZAMBIQUE PORTUGAIS
BROKEN-HILL
ANGOLA PORTUGAIS
Zambèze
Salisbury
Chinde
Beira
SUD-OUEST ALLEMAND
Chutes Victoria
BULAWAYO
AFRIQUE CENTRALE ANGLAISE
Windhuck
Limpopo
PRETORIA
Mafeking
JOHANNESBURG
LAURENZO MARQUEZ
Keetmanstap
ORANGE
Orange
LE CAP
LÉGENDE
Chemins de fer construits
.. id . en constructions ou projetés
Frontières
8-V-13

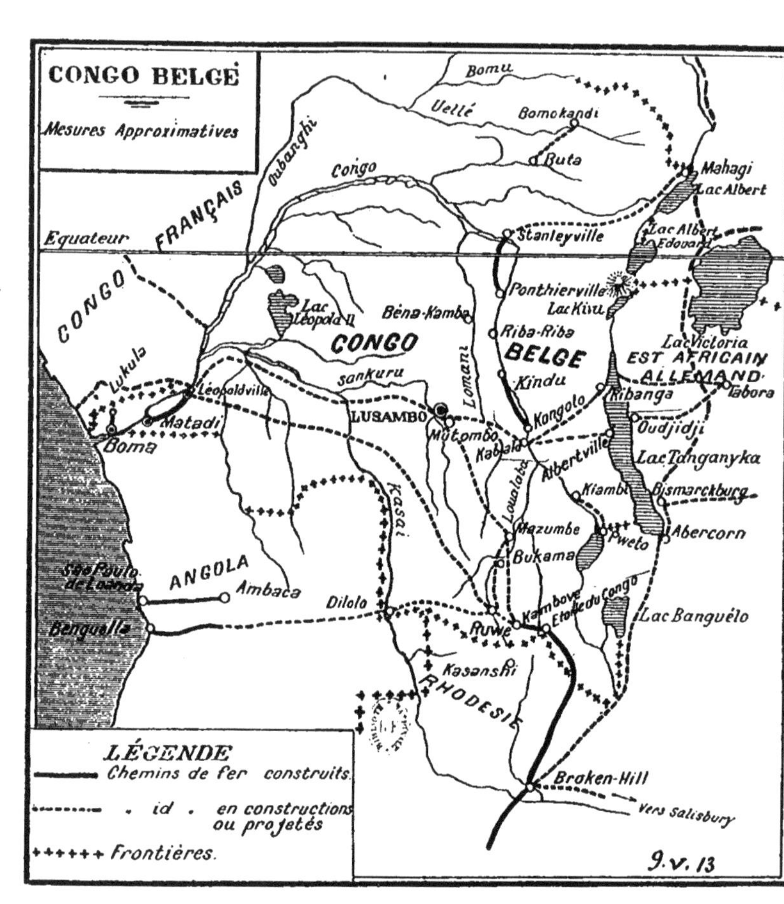

CONGO BELGE
Mesures Approximatives
Bomu
Uellé
Bomokandi
Buta
Mahagi
Lac Albert
Oubanghi
Congo
FRANÇAIS
Equateur
CONGO
Stanleyville
Lac Albert Edouard
Ponthierville
Lac Kivu
Lac Léopold II
Béna-Kamba
CONGO
BELGE
Riba-Riba
Lac Victoria
EST AFRICAIN
ALLEMAND
Tabora
Lukula
Léopoldville
Sankuru
Lomani
Kindu
Ribanga
Matadi
LUSAMBO
Kongolo
Mutombo
Oudjidji
Boma
Kabalo
Albertville
Lac Tanganyka
Kasai
Loualaba
Kiambi
Bismarckburg
Mazumbe
Pweto
Abercorn
Bukama
Sao Paulo de Loanda
ANGOLA
Ambaca
Dilolo
Kambove
Etoile du Congo
Lac Banguélo
Benguella
Ruwe
Kasanshi
RHODESIE
Broken-Hill
Vers Salisbury
LÉGENDE
Chemins de fer construits.
id. en constructions ou projetés
Frontières.
9.v.13

CONGO BELGE

Esquisse de l'appropriation foncière

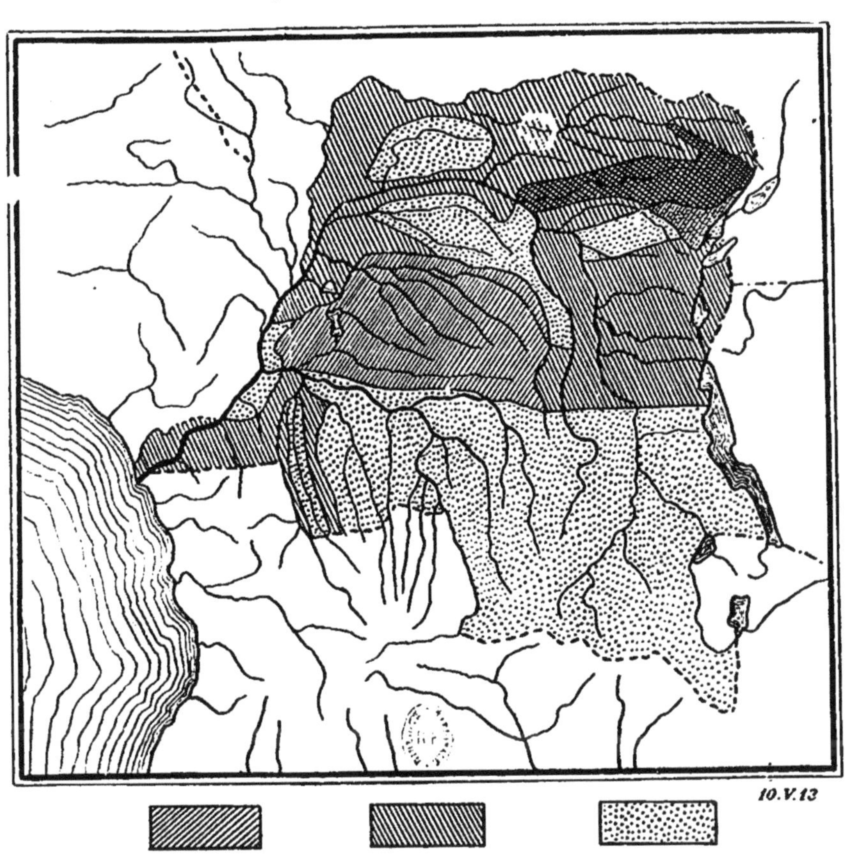

Ancien domaine de la Couronne

Domaine privé avec domaine national

Territoires concédés

www.ingramcontent.com/pod-product-compliance
Ingram Content Group UK Ltd.
Pitfield, Milton Keynes, MK11 3LW, UK
UKHW021856190726
13855UKWH00001B/341

9 782013 349765